中国历史文化名楼
维修与保护——黄鹤楼

杨华玉 著

·北京·

内 容 提 要

黄鹤楼是20世纪80年代初重建的钢筋混凝土结构的仿古建筑。2014年年底，黄鹤楼迎来了建成后的第一次大修。

本书以黄鹤楼为样板，详细介绍了钢筋混凝土结构的仿古建筑在屋面换瓦、琉璃瓦件修复、屋面板及结构维修与保护，油漆工程维修施工等各部分的施工工艺，既继承了传统的古建筑维修方法，又在仿古建筑的维修中予以创新，是一本较全面的仿古建筑维修的典型范例。

黄鹤楼建成后，我国著名的历史文化名楼相继得到重建和修复。特别是重建的钢筋混凝土仿古建筑，到一定年限都要进行维修与保护。希望黄鹤楼此次成功维修的经验，能给予已经建成且有一定年限、同样存在维修需求的仿古建筑参考借鉴。

书中收录了16个历史文化名楼的历史沿革和结构概况，供读者参阅。

图书在版编目（ＣＩＰ）数据

中国历史文化名楼维修与保护：黄鹤楼 / 杨华玉著
. —— 北京：中国水利水电出版社，2017.1
ISBN 978-7-5170-5131-2

Ⅰ．①中… Ⅱ．①杨… Ⅲ．①黄鹤楼－修缮加固②黄
鹤楼－保护 Ⅳ．①TU746.3

中国版本图书馆CIP数据核字(2017)第019266号

书　　名	**中国历史文化名楼维修与保护——黄鹤楼** ZHONGGUO LISHI WENHUA MINGLOU WEIXIU YU BAOHU——HUANGHELOU
作　　者	杨华玉　著
出版发行	中国水利水电出版社 （北京市海淀区玉渊潭南路1号D座　100038） 网址：www.waterpub.com.cn E-mail：sales@waterpub.com.cn 电路：（010）68367658（营销中心）
经　　售	北京科水图书销售中心（零售） 电话：（010）88383994、63202643、68545874 全国各地新华书店和相关出版物销售网点
排　　版	北京嘉泰利德科技发展有限公司
印　　刷	北京博图彩色印刷有限公司
规　　格	184mm×260mm　16开本　9印张　162千字
版　　次	2017年1月第1版　2017年1月第1次印刷
印　　数	0001—2000册
定　　价	**68.00**元

作者简介

　　杨华玉，1947年生，湖北武汉人，高级工程师。曾担任重建黄鹤楼工程的施工员、项目技术负责人，该工程荣获1987年度鲁班奖。负责开发建设的武汉招银大厦工程荣获1997年度鲁班奖。主持黄鹤楼工程维修，获2015年度黄鹤楼特别贡献奖。著作有《精品仿古建筑——黄鹤楼工程施工》。

历史悠久的中华文化，铸就了诸多具有深远影响的历史文化名楼。她们见证了中华民族的历史变迁。黄鹤楼、岳阳楼、滕王阁……，她们是一种特殊的建筑，不仅是一个城市的象征，也是中华民族悠久的历史文明与民族精神的象征。

中国历史文化名楼，就其建筑结构而言，可分为两类：一类为传统的古典建筑木结构；一类为20世纪80年代及以后重建的仿古建筑钢筋混凝土结构。

黄鹤楼就是重建于20世纪80年代的钢筋混凝土结构的仿古建筑。

黄鹤楼，始建于三国时期吴黄武二年（223年），是当时吴主孙权在夏口（今武昌）长江边黄鹄矶头修建的军事瞭望楼。随着时代的变迁、国土的统一，逐渐成为了人们登临游览的风景名胜。唐人崔颢的千古绝唱"昔人已乘黄鹤去，此地空余黄鹤楼"使得黄鹤楼名声远扬。

古时的黄鹤楼乃是木质结构，楼一毁损便重修建。最后一座木质古楼，毁于清光绪十年（1884年），其后百年无楼。直至20世纪80年代初，重建黄鹤楼，于1985年竣工。一座规模宏伟、形制壮丽的黄鹤楼耸立于巍峨的蛇山山头。"黄鹤百年归"之美誉传颂海内外。

重建的黄鹤楼是当时我国第一座钢筋混凝土仿古建筑，建成至今已有30余年。由于当时的建筑材料和技术的局限，加上30多年武汉冬冷夏热的特殊气候影响和风雨侵蚀，黄鹤楼屋面部分琉璃瓦釉面开始剥落，挂瓦钢筋锈蚀，有些构件开始松动，不仅影响观瞻也存在安全隐患。2015 年对黄鹤楼进行了 30 年以来的首次大修，有幸请来了本书作者、黄鹤楼重建工程的技术负责人杨华玉同志为本次维修的技术顾问。

杨华玉同志从事建筑技术管理工作多年，在建筑理论与实践方面有颇深造诣。当年黄鹤楼重建时，就担任工程项目的现场技术管理工作，熟悉黄鹤楼建筑材料和建筑结构情况。在此次维修工程中他与设计和施工人员认真研究，仔细探讨，制定了科学的维修方案和施工技术措施，并在施工中严把质量关，使黄鹤楼维修工程成为仿古建筑维修成功案例。

中华名楼是中华民族的精神瑰宝，传承和保护名楼的历史文化是我们不可推卸的责任。正是怀着这种使命感，作者编辑整理了 16 座中华名楼的相关资料，并将自身对黄鹤楼维修的实际经验精心总结。书中，作者从施工准备、施工措施、施工技术、材料选择等方面对黄鹤楼维修进行了全面论述，图文并茂、细致入微，是理论与实践的完美结合。这些内容对钢筋混凝土结构的仿古建筑维修无疑具有较强的指导意义，值得仿古建筑维修单位和工程技术人员学习借鉴。

吴克坚

2016 年 3 月

坐落于湖北武昌蛇山西端的仿古建筑黄鹤楼，属钢筋混凝土结构，于 1981 年 9 月动工建设，1985 年 6 月竣工并对外开放接待游客，至今已经 30 余年了。

武汉地处中华大地的中部。夏天温度一般 37~38℃，最高达 40~41℃；冬天温度一般 –5℃，最低温度达 –10℃。巨大的温差加上南方丰沛的雨水，使得部分琉璃瓦件表面开裂、琉璃脱落，有的瓦件出现松动。固定琉璃瓦件的钢筋锈蚀、折断，部分钉帽脱落。特别是 2013 年 11 月，三层屋面正北面东北角戗脊鱼尾脱落，引起社会各界的高度重视。

屋面钉帽的脱落和戗脊鱼尾的脱落，说明钢材锈蚀的程度是较严重的。黄鹤楼是一处旅游的胜地，每天的游客络绎不绝，安全是第一位的。因此，屋面维修势在必行。

此次对黄鹤楼进行了全面的维修，除保留屋面各种脊、兽、吻及宝顶外，拆除了屋面全部琉璃瓦件，重做挂瓦连檐，修复飞檐边和椽子头。

更换新的琉璃瓦，更换全部戗脊鱼尾，加大挂瓦钢筋直径，加大鱼尾支撑钢材截面，所有预埋钢材和支撑钢材作防锈处理。对保留的琉璃件进行修复和封缝处理。对琉璃宝顶作封缝防水处理，对宝顶内支撑钢架作防锈处理。

对各层飞檐边及挂瓦连檐、飞檐下椽子、戗脊梁腹板、龙头、各层钢制门窗、各层走廊外围栏杆等进行修补并重做油漆。更换了室内两部楼梯踏步的全部铜防滑条。

从 2014 年 11 月至 2015 年 8 月，经过 9 个月的维修，黄鹤楼又以崭新的面貌迎接八方游客。

20 世纪 80 年代以来，我国具有深远影响的历史文化名楼相继得到了修复和重建。如重建的钢筋混凝土仿古建筑黄鹤楼、滕王阁、阅江楼、鹳雀楼等，以及得到维修和保护的木结构历史名楼岳阳楼等。

特别是用钢筋混凝土建造的历史文化名楼，这些仿古建筑，到了一定的年限，都存在一个如何维修和保护的问题。此次黄鹤楼在不封闭主楼的前提下，分层维修分层开放，既保证了维修的正常施工，又确保了游客的安全和正常游览。

30 年前，我是黄鹤楼重建工程的技术负责人、施工员。当我作为黄鹤楼维修的总顾问，再一次登上黄鹤楼屋顶，指导工人们一铲灰、一块瓦精心安装的时候，我与黄鹤楼的不解之缘真无法用言语表达。我这一生中最引以为豪的是：我为武汉人民建设了黄鹤楼。今天，我又为她消除了隐患，穿上了新装！

我撰写本书的目的，希望黄鹤楼此次成功维修的经验，能给已经建成且有一定年限、同样存在维修需求的仿古建筑提供借鉴。书中收集和辑录了 16 个历史名楼的历史沿革和结构概况，以飨读者。

在此，感谢各名楼的管理部门提供资料，感谢黄鹤楼办公室赵银斐和张晓雯收集资料，感谢黄鹤楼公园主任吴克坚对此次写作的大力支持。

同时感谢此次黄鹤楼屋面维修的施工公司武汉市天时建筑工程有限公司、黄鹤楼维修施工单位负责人张卫华、黄鹤楼屋面维修的琉璃瓦件生产单位安徽格雷特陶瓷新材料有限公司、武汉科拓环境工程有限公司王长亮等，给予本书出版提供支持和赞助。

由于水平和时间有限，书中难免存在错误与不足之处，敬请读者批评指正。

杨华玉

2016 年 6 月

第一章　黄鹤楼

第一节　黄鹤楼的历史

黄鹤楼的历史，至今已有 1700 多年了。据唐元和年间李吉甫著《元和郡县志》记载："吴黄武二年，城江夏，以安屯戍地也。城西临长江，西南角因矶名楼，为黄鹤楼。"

赤壁之战后，曹魏屯兵江北，以待南侵。孙权据守江南，依山筑城，以重兵镇守。并临江筑高楼以作瞭望之用。历史上，人们把三国东吴黄武二年（223年）所建的这座军事楼公认为最早的黄鹤楼。

到了唐代，由于国土的统一，全国进入了一个较长的和平与稳定时期，黄鹤楼逐渐演变成为观赏楼。众多诗人在此留下了许多脍炙人口的不朽篇章。尤以唐代崔颢的七言律诗《黄鹤楼》影响深远。

黄鹤楼

唐　崔颢

昔人已乘黄鹤去，此地空余黄鹤楼。黄鹤一去不复返，白云千载空悠悠。晴川历历汉阳树，芳草萋萋鹦鹉洲。日暮乡关何处是？烟波江上使人愁。

唐代阎伯理作有《黄鹤楼记》：

黄鹤楼记

唐　阎伯理

州城西南隅，有黄鹤楼者。《图经》云："费祎登仙，尝驾黄鹤返憩于此，遂以名楼。"事列《神仙》之传，迹存《述异》之志，观其耸构巍峨，高标巃嵸，上倚河汉，下临江流；重檐翼舒，四闼霞敞；坐窥井邑，俯拍云烟；亦荆吴形胜之最也。何必赖乡九柱、东阳八咏，乃可赏观时物，会集灵仙者哉。

刺使兼侍御史、淮西租庸使、荆岳沔等州都团练使，河南穆公名宁，下车而乱绳皆理，发号而庶政其凝。或逶迤退公，或登车送远，游必于是，宴必于是。极长川之浩浩，见众山之垒垒，王室载怀，思仲宣之能赋，仙踪可揖，嘉叔伟之芳尘。乃喟然曰："黄鹤来时，歌城郭之并是，浮云一去，惜人世之俱非。"有命抽毫，纪之贞石。

时皇唐永泰元年，岁次大荒落，月孟夏，日庚寅也。

（根据明刻本《黄鹤楼集》《文苑英华》校正）

以后历朝历代，楼一毁便重建。宋、元、明各朝代均有记载，并附有图形，如图1-1～图1-3所示。

清顺治初年，重建黄鹤楼。此时的黄鹤楼不仅是游览胜地，还起到象征"太平盛世"的象征作用，这种作用一直沿袭下来。从顺治到同治各朝，楼一毁便重建。乾隆元年（1736年）重建黄鹤楼时，高宗弘历御笔亲书"江汉仙踪"题额。

最后一座清楼是同治七年（1868年）九月动工，第二年六月建成（图1-4）。

图1-1　宋界画《黄鹤楼》（摘自刘敦桢《中国古代建筑史》）

图1-2　元夏永绘界画《黄鹤楼》（摘自向欣然《黄鹤楼设计纪事》）

图 1-3 明安政文绘《黄鹤楼》（摘自向欣然《黄鹤楼设计纪事》）

图 1-4 清同治黄鹤楼

张子安老先生曾在20世纪20年代初参加过重建黄鹤楼的筹备工作，对此楼的形制知之备详，并著文记述。摘录如下：

制 作

楼的平面，明为四方，实为八角。明为三层，暗为六层。三层三檐，出角入角，每层十二角，计共三十六角。内外柱四十八根：外柱二十八根，每柱顶画有二十八宿形象；内柱四根以表四维，中圈柱十六根为配柱。一、二、三层外周平盘上，各层均架出雀巢形斗拱，计三百六十个，合周天三百六十度之意。一至三层大小屋脊共七十二条，即全年七十二候之意。内一、二层为藻井式平顶，三层为二阶式平顶。内部楼梯各宽四尺八寸，左右各一。第三层四面瓦檐，皆耸出牌楼悬匾、题书。楼顶攒尖，宛若华盖。配以紫铜顶，加上四面牌楼屋脊正中的小顶，合而为"五岳"，覆以黄瓦，滴水下垂，猫头仰视，四渎汇总，一山远朝。

尺 码

楼凡三层，耸入云霄。计开台基高二尺，一层高二丈一尺，檐高五尺五寸；二层高一丈八尺，檐高五尺；三层高一丈七尺五寸；楼顶（檐口至顶）高二丈八尺五寸。总高九丈七尺五寸。楼平面占地深四丈八尺，宽四丈八尺。（以上"尺"为市尺，1市尺=1/3m）

同时还重建了太白堂、一览亭、涌月台、留云阁、白龙池等附属景点。清光绪十年（1884年）九月二十二日，遭大火焚毁。同治楼仅存在了15年。

第二节 现代黄鹤楼

现代黄鹤楼是在我国清代同治黄鹤楼被大火焚毁100年后重建的一座钢筋混凝土结构的仿古建筑。

重建的黄鹤楼地址由原长江边黄鹄矶头移至蛇山西端山脊之上。重建的黄鹤楼以清代同治黄鹤楼为样板，由原同治黄鹤楼三层木结构改成五层钢筋混凝土结构。

此次重建的黄鹤楼由湖北工业建筑设计院向欣然作建筑设计，郑锦明作结构设计；武汉市第二建筑工程公司杨华玉负责黄鹤楼工程建筑施工。

一、黄鹤楼简介

黄鹤楼底层占地面积744m²，建筑面积4117m²，总平面图见图1-5。结构高度46.2m，建筑总高51m（包括航空指示灯及顶部避雷铜针）。室内标高

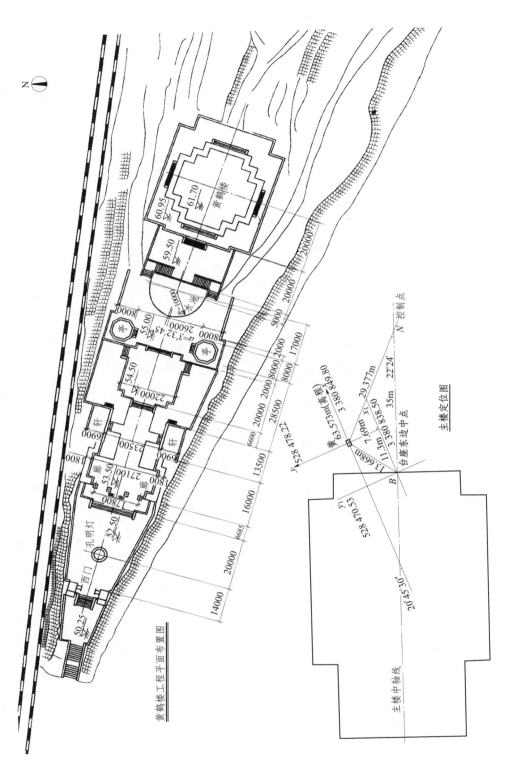

图 1-5　黄鹤楼总平面图（单位：高程：m；尺寸 mm）

±0.00 为黄海高程 61.70m。

该楼外观五层（图 1-6），内有九层（不含电梯机房）。一层室内地面至二层楼面高度为 12.3m；二层楼面至三层楼面高度为 7.1m；三层至四层、四层至五层楼面高度均为 6.6m；五层楼面至水箱层面高度为 8.0m；水箱层面至结构顶为 5.6m（图 1-7）。

大厅内两侧各有现浇钢筋混凝土楼梯一部，中间设有两个电梯井。

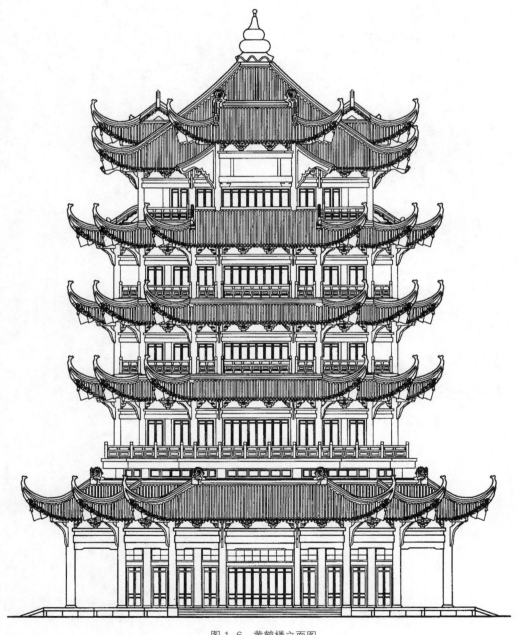

图 1-6　黄鹤楼立面图

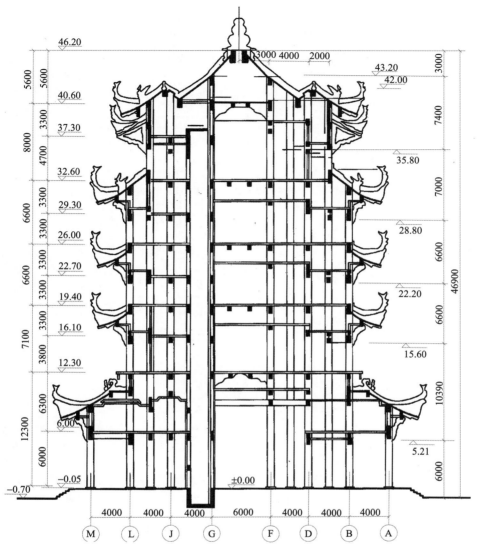

图 1-7 黄鹤楼剖面图（单位：高程 m；尺寸 mm）

一层共有 72 根现浇钢筋混凝土圆柱（图 1-8）。正厅中间 16 根圆柱直径为 700mm，其余 56 根圆柱直径为 600mm。一层屋面上部，外圆柱减少一圈，故二、三、四层各层均为 44 根现浇钢筋混凝土圆柱。二层圆柱直径全部为 600mm。三层以上，除中厅四根圆柱直径为 600mm 到屋顶外，其余直径为 500mm。四层屋面上部，东、南、西、北四方外圈各减少四根圆柱，五层楼面呈正方形，边长 18m。并在五层楼面东、南、西、北各方外轴线各加两根直径为 500mm 的钢筋混凝土圆柱。故五层楼面有 36 根钢筋混凝土圆柱。

黄鹤楼钢筋混凝土圆柱上下贯通，仅直径大小有所变化。

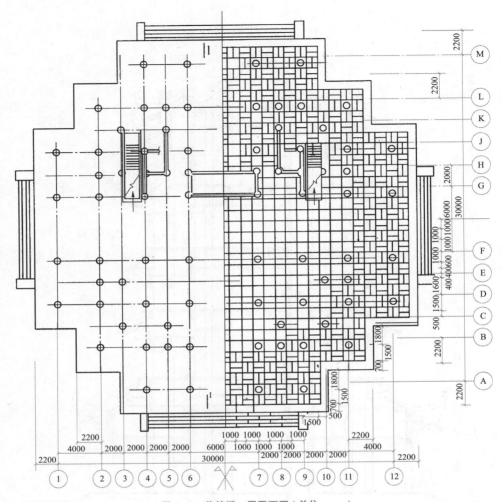

图1-8　黄鹤楼一层平面图(单位：mm)

黄鹤楼除上述钢筋混凝土圆柱外，二、三、四层外廊内侧四方正面钢门窗角柱为直径350mm钢管柱，每方2根，一层8根，三层共计24根钢管柱。在结构施工时，在楼面梁面和上层框架梁底预埋钢板，结构施工完毕，将钢管柱焊接上去。

黄鹤楼有五层屋面，故有五层飞檐。每层有12条戗脊，即12个翼角，共有60个翼角。其中对称翼角36个，非对称翼角24个。

四层屋面和顶层屋面分别各有8条垂脊，故分别各有8个垂兽。

一层屋面有12条正脊，8对合角正吻。

顶层屋面有4条正脊，8个正吻。

二层和三层屋面每方有2对合角吻，共计16对合角吻。

黄鹤楼琉璃宝顶高4.05m,莲座直径3.4m,大葫芦直径2m,小葫芦直径1.5m。

二、黄鹤楼工程施工

1. 基础施工

1981年9月，黄鹤楼工程正式开工（图1-9）。蛇山山脊海拔61~63m，现场参照物是山顶的瞭望塔和山头的原邮电大楼，其余是一片树林。山上石头高低不平。根据山顶国家测绘局标定的黄海高程标高点和坐标，确定黄鹤楼的位置后，砍掉施工范围内的树木。在平整场地时，碰到坚硬的石头，在用了多种方法都不能铲除的情况下，最后，采用了定向控制爆破，炸掉了地表和黄鹤楼基坑的石头，保证了石头不飞到京广铁路线上和长江大桥引桥上。

图1-9　黄鹤楼基础施工（王勇提供）

2. 结构工程施工

（1）模板工程。一层大厅共72根圆柱。正厅中间16根圆柱直径为700mm，其余56根圆柱直径为600mm。一层至二层楼面高度为12.3m。如何确保柱面直径大小不变且垂直度不产生偏差，这是施工成功的第一步。施工现场决定对圆柱采用钢模，半圆一块，周边焊角钢，按建筑模数钻孔，用螺栓固定，用竖直钢管将上下模板固定，校正。浇捣混凝土，脱模后，效果很好。于是，圆柱采用圆形钢模，方梁采用通用标准钢模。

（2）混凝土工程。对于这种重要的公共建筑，施工质量要求是十分严格的。从轴线定位、标高控制、钢筋制作绑扎、模板安装到混凝土浇捣，工程技术人员进行反复检查，准确无误后才能进行下一道工序。

（3）黄鹤楼屋面结构施工（图1-10）。在黄鹤楼屋面结构施工中，最先遇到的问题是，如何浇捣屋面板及制作屋面下椽子的问题。

图 1-10　黄鹤楼结构工程施工（王勇提供）

结构设计要求，屋面板与椽子整体现浇。按此要求，需要制作大量模板，到翼角部位，椽子根部与翼角梁相交处缝隙逐渐变窄，模板拆除困难，拆除过程还会破坏椽子外形。

鉴于这种情况，现场决定将椽子预制。在支撑屋面模板时，预制椽子按设计要求尺寸摆放，将椽子钢筋伸入屋面板与屋面板钢筋接合，两椽子之间缝隙用易于拆除的材料填充。浇捣屋面混凝土，使屋面与椽子结合为整体。

拆除屋面模板并清理两椽子之间的填充材料后，椽子表面未受任何损伤，外形整齐一致，效果良好。

在一层屋面试验浇捣混凝土达到强度后，对屋面进行加荷载试验，完全达到了设计要求。

在以后的椽子预制中，标准椽子和翼角椽子各制作几套模板，制作的椽子外形一致，安装方便，节约木材和人工，大大加快了工程进度。

黄鹤楼的钢筋混凝土结构工程，从基础到46.2m结构封顶，拆完模板，没有出现模板位移、钢筋外露等现象。对于要做油漆的梁、柱，只在表面刮腻子，做油漆即可。

3. 油漆工程施工

重建的黄鹤楼，在钢筋混凝土表面做油漆，并要求具有木质效果，是一个新的课题。经反复研究、试验，决定采用环氧树脂底漆、聚氨酯面漆。

腻子施工：要求腻子与混凝土表面黏结牢固，长年不脱落。腻子应干燥快，上面漆时不含潮。

针对上述要求，现场选用多种材料配比，反复试验，最后筛选选用107胶与水泥、黄沙（按水泥：黄沙=1:2的比例）拌和作钢筋混凝土柱面糙腻子以及用107胶与水泥调和作混凝土柱、梁、椽子、斗拱、撑拱、楼面外廊栏杆及其他混凝土构件的油漆腻子。解决了黄鹤楼大面积钢筋混凝土结构、构件表面油漆腻子问题。

环氧树脂底漆做两遍，聚氨酯面漆做三遍。

30年后，再看看黄鹤楼室内梁、柱的油漆，照样是丰满亮泽，光彩照人，没有出现开裂、空鼓、翘皮等现象。那些游人碰不到的地方，犹如新的一般。

室外屋檐下屋檐梁、斗拱、撑拱的油漆，受到30多年风风雨雨的侵袭，表面光泽有所退去，但依旧丰润饱满，没有一条裂痕和翘皮的现象。

4. 天花彩画施工

黄鹤楼天花彩画由北京市园林古建工程公司彩画队施工，其规格见表1-1。

表1-1　黄鹤楼天花彩画规格

单位：mm

部　　位	天花支条断面（宽×高）	支条净空
一层外廊、跑马廊下内厅	100×50	590×590
一层小过厅	80×50	380×380
一层夹层跑马廊、陈列室	80×50	380×380
二、三、四、五层外廊及门斗	80×50	380×380
一、二、三、四、五层大厅	100×50	590×590

　　天花支条（吊顶龙骨）全部为木制。石膏天花板上贴彩画。根据天花彩画的不同类型编号制作，然后贴于石膏板上。现场制作则直接在石膏板上沥粉作色贴金。

5. 屋面琉璃瓦

　　黄鹤楼屋面采用北京门头沟原北京市琉璃制品厂生产的黄色琉璃瓦。黄鹤楼屋顶宝顶，也是该厂烧制的黄色琉璃件。

6. 黄鹤楼工程竣工

　　当紧紧包裹着黄鹤楼外围的脚手架一层层拆除，露出黄鹤楼的真实面目时，带给世人的是一座金碧辉煌的黄鹤楼。坐落在蛇山之巅，面对滔滔的江水，俯瞰武汉三镇，在蓝天白云的映衬之下，显得格外的壮观。百年黄鹤终于回来了！

　　黄鹤楼工程1981年9月动工兴建，1985年6月竣工对外开放，接待游客（图1-11）。该工程施工质量优良，经有关部门验收、鉴定，被评为1985年武汉市全优样板工程；获1986年湖北省优质工程称号，同年荣获国家城乡建设优秀设计、优质工程二等奖；1987年荣获全国建筑"鲁班"奖。1988年1月，经国家质量奖审定委员会批准荣获银质奖章。

　　黄鹤楼公园占地40.3hm²，坐落于武昌城中心蛇山之上，为国家AAAAA级旅游景区。景区西起司门口，东止大东门，依山就势，错落有致。分东西南北和首义五个区，即以黄鹤楼为核心的名胜区（西区）；集诗、词、碑、雕于一体的文化区（南区）；百松千梅万杜鹃的植物区（北区）；纪念爱国民族英雄的岳飞景区（东区）；弘扬辛亥革命精神的首义景区。黄鹤楼有大型景点80多处，成为由亭、台、楼、阁、榭、坊等人文与自然景观相融合的具有江南特色的旅游名胜景区。

图 1-11　1985 年竣工的黄鹤楼（李岩摄）

第二章　黄鹤楼维修

第一节　仿古建筑

一、仿古建筑特点

早在 20 世纪 50 年代初，我国就对一些毁损的知名历史名楼进行重建。重建的名楼所使用的建筑材料和制作方式，仍然是沿用传统的营造法则，采用砖木结构或木结构。屋面所用为琉璃瓦或青筒瓦。如山东济宁太白楼，1952 年重建，砖木结构。

根据传统的古建形制重新设计、使用现代建筑材料建造的新的建筑，就是人们称谓的仿古建筑。20 世纪 80 年代及以后，我国掀起了一个仿古建筑的高潮。一些中国知名的历史文化名楼，在消失了多年后得到了重建。这些重建的历史名楼，是对传统的古典建筑的根本改变。由于结构使用的建筑材料不同于传统古典建筑，人们对其有不同的看法。随着时间的流逝，她们在争议声中逐渐得到人们的接受和认可。

传统的古典建筑，木结构。檐柱及檐梁上支撑外挑飞檐的承重构件斗拱，其复杂的榫卯连接，其制作的难度和耗费的工时是现代快节奏不相容的。欲飞的翼角给人无限的美感，屋面的防水却是大屋顶最大的难题。木结构受潮容易糟朽、生虫。最大的问题，木结构不防火，很多古建筑都是毁于火灾。受木材的限制，其高度是有限的，所谓高百尺，也只 30m 左右，且木材资源有限。

现代的仿古建筑，其结构为钢筋混凝土，不受木材在体量与高度及材料资源上的限制，可以做到体量高大，雄伟壮观。其强度、受力、使用年限、屋面防水、防火保护等方面都优于木材。

既然是仿古，看上去就是古建筑。大屋顶、琉璃瓦、飞檐、椽子、斗拱、雀替、高梁、大柱、天花彩画、藻井隔扇、雕屏挂落、举架步架，这些东西沿袭了古典建筑的形制。

仿古建筑钢筋混凝土屋面，主要是靠刚性自防水。只要屋面混凝土浇捣密实，同时，在盖瓦之前再做好屋面防水。有了上述保证，就避免了漏水的问题。

飞檐下的椽子预制，其外形整齐一致。斗拱，则纯粹是装饰，不起屋面承重作用，制作简单，安装容易。

有了以上诸多优点，仿古建筑的发展就有了强大的生命力。

二、仿古类中国历史文化名楼重建时间

黄鹤楼，是 20 世纪 80 年代初建成的钢筋混凝土仿古建筑，也是我国较早使用现代建筑材料建设较大型仿古建筑的典型范例。她以清代黄鹤楼为样本，四角攒尖屋顶，四面覆以小顶。外观五层，五层飞檐。屋面盖黄色琉璃瓦。

黄鹤楼于 1981 年 9 月动工兴建，1985 年 6 月竣工，对外开放。随后，我国著名的历史文化名楼相继动工兴建。

天心阁于 1983 年动工兴建，1984 年底竣工。

滕王阁于 1985 年动工兴建，1989 年竣工。

阅江楼于 1997 年批准建造，2001 年竣工。

鹳雀楼于 1997 年动工兴建，2002 年竣工。

城隍阁于 1998 年动工兴建，2000 年竣工。

温州望海楼于 2005 年动工兴建，2007 年竣工。

泰州望海楼于 2006 年动工兴建，2007 年对外开放。

越王楼于 2001 年动工兴建，2011 年竣工。

这些重建的仿古建筑历史文化名楼，其结构全部为钢筋混凝土结构，与黄鹤楼在建造上异曲同工。

黄鹤楼从建成至今，已经 30 多年的时间了。30 多年来，黄鹤楼接待了众多的中外游客。她是武汉这个城市的标志性建筑，成为了武汉对外开放的一张靓丽的名片。

2014 年，黄鹤楼迎来了重建以来的第一次大修。这一次大修，也摸索和整理出一套有关仿古历史文化名楼维修与保护的经验，以供其他名楼在以后的维修与保护中参考借鉴（图 2-1）。

图 2-1 黄鹤楼（江煌摄）

第二节 黄鹤楼屋面维修

一、黄鹤楼屋面维修工作启动过程

武汉地处中华大地的中部。夏天温度一般 37~38℃，最高达 40~41℃；冬天温度一般 -5℃，最低温度达 -10℃。巨大的温差加上南方丰沛的雨水，使得黄鹤楼屋面部分琉璃瓦件表面开裂、琉璃脱落，有的瓦件出现松动。固定琉璃瓦件的钢筋锈蚀、折断，部分钉帽脱落。特别是 2013 年 11 月 15 日，三层屋面正北面东北角戗脊鱼尾脱落（图 2-2、图 2-3），引起社会各界的高度重视。

2013 年 11 月 19 日，在黄鹤楼公园管理处三楼会议室，召开了由武汉市发改委、市建委、市园林局、黄鹤楼公园管理处、中南建筑设计院、原黄鹤楼工程施工单位的负责人、有关专家等参加的专家论证会，讨论黄鹤楼戗脊尖脱落的原因及下一步维修的方案。

黄鹤楼建筑设计师向欣然详细介绍了黄鹤楼设计的有关情况。

当年黄鹤楼工程建筑施工的技术负责人、施工员杨华玉详细介绍了屋面

图 2-2 三层屋面北面东北角戗尖
鱼尾已脱落

图 2-3 三层屋面脱落的戗脊尖鱼尾

琉璃瓦件施工的工艺和固定琉璃瓦件的预埋铁件安装的情况。

30 多年前，在当时的条件下，预埋铁件就是普通的钢材。沿飞檐边固定琉璃勾头的挂瓦钢筋钩是直径 6mm 的普通钢筋，固定戗脊鱼尾的支撑角钢和悬挑角钢是 30mm×4mm 普通等边角钢。苦背材料是水泥加石灰和黄沙掺和在一起的较酥松的材料，为的是在以后屋面换瓦时易于拆卸。酥松的苦背材料对于钢筋的握裹较差，容易进水。种种原因，导致钢材锈蚀并出现折断。

屋面钉帽的脱落和这次戗脊鱼尾的脱落，说明钢材锈蚀的程度是较严重的。再则，屋面琉璃瓦由于气候的原因，出现脱皮、破损、开裂等现象。黄鹤楼是一处旅游的胜地，每天的游客络绎不绝，安全是第一位的。因此，屋面维修势在必行。

在听取了上述意见后，武汉市园林局决定启动对黄鹤楼的维修工作。由黄鹤楼公园管理处负责，组织维修班子，研究维修方案，布置施工公司和监理公司的招标投标工作，确定审计单位，做工程预算。由园林局纪律检查委员会负责人牵头，对琉璃瓦厂家进行实地考察。

会上，黄鹤楼公园管理处确定：聘请向欣然为黄鹤楼维修的建筑设计总顾问；聘请杨华玉为黄鹤楼工程维修总顾问，全权负责主楼屋面维修等相关项目的施工管理、技术指导和咨询服务。

2014 年 3 月 18 日，黄鹤楼公园管理处再一次召开专家论证会，并形成会议纪要，确定黄鹤楼维修的具体方案如下：

（1）黄鹤楼屋面凡是破损、开裂、脱釉、污染且清洗不净的琉璃瓦件全部换掉。换瓦面积达 30%。

（2）因固定戗脊尖鱼尾的角钢锈蚀断裂，且戗脊尖悬挑在外，脱落的可能性较大，故确定黄鹤楼屋面戗脊尖 60 个鱼尾全部换掉。按北京门头沟原北京市琉璃制品厂制作的原样重做。

（3）因原固定戗脊尖的角钢太薄，锈蚀快，故换成实心方钢条，并做防锈处理。钢条截面大小由设计定。

（4）重新布置屋面挂瓦钢筋网及固定琉璃勾头的钢筋钩。

（5）戗脊木腹板更换重做，保持原外形一致。

（6）椽头破裂、露筋锈蚀及屋面露筋锈蚀进行除锈，做防锈处理。然后对椽头、连檐及屋面进行修复。

（7）对宝顶进行安全检查，支撑角钢进行防锈处理。宝顶瓦件与钢架链接进行加固处理。

（8）考察并确定琉璃瓦件生产厂家。

（9）保留屋面鱼尾以下标准琉璃戗脊、正脊、博脊（围脊）、垂脊。保留正吻、合角正吻、合角吻、垂兽。保留屋顶琉璃宝顶。全面清理上述琉璃件缝隙，用建筑结构胶进行封堵固结。对于表面脱釉的，进行修复。

会后，设计院出戗脊尖鱼尾支撑图和各层屋面挂瓦钢筋布置图，提出屋面防水设计要求等，进入维修的前期准备阶段。

换瓦前屋面毁损情况见图 2-4～图 2-15。

图 2-4 黄鹤楼一层屋面北面琉璃瓦现状　　　图 2-5 黄鹤楼一层屋面阴角及水沟现状

图 2-6　黄鹤楼二层屋面琉璃瓦现状

图 2-7　二层屋面阴角及水沟现状

图 2-8　黄鹤楼三层屋面现状

图 2-9　黄鹤楼三层屋面阴角现状

图 2-10　黄鹤楼四层屋面现状

图 2-11　黄鹤楼四层屋面阴角现状

图 2-12　黄鹤楼五层大屋面及戗脊现状

图 2-13　黄鹤楼五层屋面大小屋面相交处现状

图 2-14　黄鹤楼五层小屋面正面现状

图 2-15　黄鹤楼五层屋面大小屋面飞檐相交处现状

二、黄鹤楼屋面维修前期准备工作

（一）琉璃瓦件生产厂家考察

黄鹤楼屋面琉璃瓦件由北京门头沟原北京市琉璃制品厂生产。

此次先后对北京、湖南、江苏、安徽等琉璃瓦生产厂家进行了实地考察。经比较，安徽格雷特陶瓷新材料有限公司规模较大，生产设备较先进，该公司能满足黄鹤楼琉璃瓦件所需要的白色陶泥。最终，确定该公司为此次更换黄鹤楼屋面琉璃瓦件的生产厂家。

安徽格雷特陶瓷新材料有限公司成立于 2011 年，由原国家二级企业江苏宜兴金龙琉璃瓦有限公司和宜兴格雷特琉璃瓦有限公司合资，是一家集陶瓷屋面产品开发、生产、销售、服务为一体的现代化建材生产企业。公司主要工艺设备进口意大利全自动控制辊道窑炉❶及制陶生产设备。拥有

---

❶　辊道窑，窑炉长 180m（干燥窑 50m，主窑 130m），燃料为发生炉煤气，进出窑周期 10h，炉温 1200℃，日产量 9 万片。

两条全自动陶瓦生产线。陶瓦采用天然陶土，除主要的朱泥、紫砂泥，尚有白泥、乌泥、黄泥、松花泥等。湿坯料用真空练泥挤出机挤压成对应形状的泥片，固定尺寸切割后再经钢模冲压，干燥施釉，在1150℃以上高温下烧成。

述评：

选定琉璃瓦厂家的基本原则具体如下。

1. 分析琉璃瓦表面开裂、脱皮、破损的原因

30多年前，黄鹤楼屋面瓦件购于北京，瓦坯为白色陶泥，传统手工制作，窑炉为传统推拔窑。制作过程为：和泥、制坯、晾干、烧坯、冷却后上釉，然后进窑烘烤。出窑时温度下降，釉面遇冷收缩产生冰裂。

传统制作琉璃瓦的优点是：完全按照我国皇家园林标准制作，规格尺寸统一准确，施工安装方便，外观效果良好，显得大气、富丽堂皇。特别是异形琉璃件，如屋面正吻、垂兽、戗脊鱼尾及合角吻等，更是神态各异、栩栩如生。之所以能有如此效果，这也是皇家官窑多年积累的精华所在。

传统制作也有其不足之处。手工制作，陶坯厚重，陶泥不密实，由于施釉后二次进窑烘烤，其温度不高，仅以瓦件表面釉质融化，将陶坯覆盖即出窑冷却。釉质不能渗入坯内。冷却时产生冰裂，雨水容易进入缝内。

武汉地区冬夏温差大，雨水进入瓦缝内，常年的热胀冷缩，加上冬天的冰冻，造成釉面脱皮，瓦件开裂。

2. 保持传统琉璃瓦件的优点，克服不足之处，择优挑选琉璃瓦生产厂家

首先是克服不足之处。要求：瓦坯密实，烧制温度稳定，釉质附着瓦坯牢固。在调研过程中，有传统的烧柴的推拔窑，有烧油的隧道窑，有烧气的辊道窑。在对辊道窑厂家的比较中，选择规模大，配套齐全，设备先进的厂家。

最终选定该厂原因：该厂有日产260t干泥粉的原料加工设备；有日产330t泥片的真空挤出设备；钢模冲压，自动施釉，180m辊道窑、发生炉煤气烧制，温度1150℃以上，日产9万件产品。

以上几点，可以确保瓦件密实，厚薄一致。釉、坯一次进炉烧制，高温融釉，与坯体结合牢固。

另一重要问题，如何确保琉璃瓦件外观质量，不改变原琉璃瓦件的形貌风格：将屋面凡要更换的瓦件，拆卸下来，包括异形琉璃件，如戗脊鱼尾，送厂家按原样、原尺寸、原色调制作模型。验收合格后，再成批生产。达不到要求，反复制作模型，直到完全符合样板为止。

（二）确定屋面琉璃瓦件更换种类

此次更换的琉璃瓦件有滴子、勾头、筒瓦、板瓦、正当沟、斜当沟 、钉帽、水沟头、水沟板、羊蹄勾头、斜房檐、压当条、镜面勾头、正房檐、罗锅筒瓦、折腰板瓦、单面群色条、方地砖、遮朽板、合角滴子、螳螂勾头、鱼尾、鱼尾下连接脊、标准戗脊、戗脊盖瓦、扶手面板、满面板、1/4 圆瓦、垂兽角、剑把、正脊等，共计 31 种。其中标准戗脊、正脊及剑把只对已破损的更换。

将确定更换的屋面各种型号的琉璃瓦件从屋面取下样品，送厂家按样品做钢制模型，对模型制作出的产品与原样品进行比较，在确定与原样在外形、尺寸完全一致的情况下，同意生产。

对于像鱼尾这样的异型琉璃构件，须经反复比较，除外形尺寸完全一致外，其神态也要一致。安装到戗脊尖上感觉栩栩如生，整个建筑就充满了活力。

此次鱼尾模型前后制作三次。第一次制作的模型比例不协调，外形不清晰，重做；第二次制作的模型比例尺寸与原鱼尾相吻合，但神态呆板，两眼不对称，重做 ；第三次，在吸取了上两次的经验后，做出的模型从比例尺寸、神态都与原样品无异，完全达到了理想的要求，才通知厂家进行批量制作。

（三）确定施工单位及试拆屋面破损琉璃瓦件

黄鹤楼公园管理处经过政府部门招标投标，武汉市天时建筑工程有限公司中标，承接黄鹤楼工程屋面换瓦等维修工程。

武汉市天时建筑工程有限公司隶属于武汉市城投房产集团。是湖北省武汉市唯一具有房屋建筑施工总承包一级、文物保护工程施工一级"双一级"资质的国有企业。同时具备装饰装修专业承包二级、古建园林专业承包三级等专业承包资质。有 40 余年从事房屋维修、古建园林、房屋建筑施工经验。

按专家会确定的意见，屋面更换30%面积琉璃瓦件，戗脊尖鱼尾全部更换，其余琉璃构件根据损坏程度适当更换和修复。保留正脊、标准戗脊、垂脊、博脊（围脊）、宝顶、正吻、合角吻、垂兽等，仅对破损部位进行修复。

该公司进入施工现场后，先对一层屋面北面进行试拆。在拆除过程中，发现屋面原用于固定钉帽的钢筋钩和固定屋面琉璃瓦件的钢筋网全部锈蚀，有的甚至已锈蚀成锈铁屑，根本不能作为固定瓦件使用。

30 年来，武汉地区夏天的酷暑和冬天的严寒，使得在飞檐边用水泥砂浆做的固定滴子的连檐，与屋面脱离开来。工人在安装屋面亮化照明时，用钢钉在飞檐边固定灯具，导致飞檐混凝土面破损，使钢筋外露锈蚀。

拆除破损的瓦件时，原先认为好的瓦件也受到损坏，最后留下来的好瓦也就所剩无几了。在请来专家们到现场实地考查后，于2014年11月12日下午，在黄鹤楼公园管理处三楼会议室召开主楼维修施工咨询会，确定以下内容：

（1）屋面琉璃瓦全部更换。

（2）进行屋面防水设计，同时解决瓦件滑落问题。

图2-16 挂瓦钢筋锈蚀（一）

图2-17 挂瓦钢筋锈蚀（二）

图2-18 固定钉帽的钢筋锈蚀

图2-19 飞檐板、连檐、水沟梁损坏
及钢筋锈蚀

图2-20 飞檐边破损及钢筋锈蚀

图2-21 椽头破损及钢筋锈蚀

图 2-22　连檐与屋面板脱离　　　　　　　　图 2-23　翼角梁木腹板破损

（3）先在一层屋面进行试验性施工，经专家论证达到维修效果后再从上往下进行维修施工。

挂瓦钢筋锈蚀及飞檐边、连檐、椽头、梁腹板破损情况见图 2-16~图 2-23。

（4）施工中对避雷网和避雷针进行检测，确保施工完成后主楼避雷设施的安全。

（5）屋面维修施工与亮化灯具安装同步进行。

（6）宝顶内部构造进行安全检查，并进行必要的加固。

述评：

1. 屋面筒瓦和板瓦全部更换

传统手工制作和老式工艺烧制的琉璃瓦件，在屋面暴露的天然条件下，其使用寿命就只有 30~50 年。当一部分瓦件开始脱皮、开裂，尚未脱皮的瓦件，使用寿命也不会与新瓦一样。由于筒瓦是相互连接，板瓦是相互重叠，在拆除破损瓦件时，也会将相邻瓦件破坏。为了最大限度保持同一种瓦件在同一时间段外观一致。大面积的板瓦和筒瓦同时全部更换才能达到这种效果。

2. 挂瓦钢筋的锈蚀

钢筋的锈蚀，导致瓦件脱落。其中重要的原因，是钢筋截面太小和表面握裹不密实，只要雨水进入屋面，钢筋就直接浸泡在水中。时间一长，钢筋生锈膨胀脱皮，截面变小，继而丧失支撑能力。此次维修，务必吸取教训，加大钢筋截面，表面热镀锌防锈处理，盖瓦前，用水泥砂浆将挂瓦钢筋封闭，尽量减少钢筋与雨水的接触。

3. 飞檐、椽头破损

飞檐、椽头破损有两个原因：①外力破坏，如钢钉、膨胀螺栓的钻入；②个别椽头钢筋保护层太薄，导致雨水从混凝土缝隙渗入，使钢筋锈蚀膨胀。

为避免外力破坏，此次维修，将屋面亮化装置的固定件在盖瓦前与挂瓦钢筋固定在一起。以后装灯和更换灯具直接在固定件上操作，不必破坏屋面。

对飞檐边、屋面板、椽头进行全面检查，除对已经生锈的部分进行除锈封闭外，加厚部分保护层薄弱的飞檐边及椽头。

三、屋面琉璃瓦件拆除

（一）拆除屋面琉璃瓦件

由于固定琉璃瓦件的钢筋锈蚀，钉帽脱落，部分勾头松动。首先拆除琉璃勾头，即将钉帽卸下，摘除勾头，消除瓦件坠落的隐患。然后，将筒瓦由下往上逐块卸下（图2-24、图2-25）。

在拆卸瓦件时，将苫背灰用预先准备的木盒在飞檐边下接住，不让任何垃圾落到地面。为了保证正常的旅游，拆卸一层屋面的瓦件，就封闭一层屋面，其余楼层照常开放，接待游客。游客的安全是放在第一位的。

将屋面勾头、滴子、筒瓦、板瓦全部卸下来，将屋面苫背灰清理干净，露出原钢筋混凝土屋面板。

将已破损、脱皮的群色条卸下来。保留一层屋面正脊、围脊、戗脊等琉璃构件。将已破损的飞檐边挂瓦连檐拆除。在拆除飞檐及屋面琉璃瓦时，使用钢钎和手锤。在铲除苫背灰时，钢钎与屋面成一定角度。不能与屋面垂直，以免凿破钢筋混凝土屋面板，导致钢筋暴露，破坏屋面结构。

出现屋面破损及露筋，在清理完屋面苫背灰并对屋面清洗后，对钢筋进行防锈处理，对破损部位用801建筑胶调和水泥及黄沙进行封闭，厚度不小于20mm。

图2-24 一层屋面破损瓦件拆除现状

图2-25 拆除一层屋面阴角瓦件

在铲除戗脊附近苦背灰时，由于苦背灰较厚，相对强度较高，可用电锤打孔松动，但不能触及钢筋混凝土屋面板。松动后，仍用钢钎和手锤铲除。

在拆除一层屋面琉璃瓦件时，五层屋面脚手架已经搭设完毕。因五层屋面结构特殊，高度在离地面 50m 左右，且是悬挑脚手架，只有少部分受力竖直钢管落在四层屋面钢筋混凝土大梁上，其稳定性、安全性是否能达到要求，这是大家最担心的。

经过反复自检，认为没问题后，又请有关安全专家及区监管站负责安全的专家到现场实地检查。专家来后，又对一些关键部位提出加固处理措施，当这些措施全部落实，工人们才开始上屋面拆除琉璃瓦件。

五层屋面结构形式较为复杂，顶部是 4.05m 高的琉璃宝顶，宝顶下部屋面坡度达 45°。四面小屋面与大屋面正交，小屋面下两边是博缝板将大屋面隔断。这样一来，在屋面形成了多条排水沟。如果这些排水沟在琉璃瓦件铺贴时安装不当，就会影响排水顺畅，如果出现积水，就会导致挂瓦钢筋的锈蚀，直接影响到瓦件的寿命。因此，在工人拆除五层屋面琉璃瓦之前，上屋面全面检查，吸取以前盖瓦成功的经验，了解需要在这次维修中改进的地方，并将关键部位进行拍照（图 2-26～图 2-28）以作这次维修的借鉴。

图 2-26　拆除五层屋面瓦件（一）

图 2-27　拆除五层屋面瓦件（二）

图 2-28　拆除五层屋面瓦件（三）

（二）拆除戗脊鱼尾

戗脊鱼尾是在翼角端部的悬挑构件（图 2-29）。30 年前，固定支撑鱼尾的是截面为 30mm×4mm 等边角钢，经 30 年的锈蚀，已经丧失了支撑能力。三层屋面北面东北角鱼尾脱落，就是一个危险的信号。因此，这次屋面维修时，首先要将琉璃鱼尾安全地拆卸下来（图 2-30）。因鱼尾腹内灌有混凝土，其重量有 100 斤左右。决不能在正在拆卸时，它自动脱落了。

图 2-29　戗脊尖琉璃鱼尾

图 2-30　拆除戗脊尖鱼尾

首先要求工人在鱼尾两侧搭设钢管脚手架，用缆绳将鱼尾绑扎固定在上部横向钢管上，然后用电锤将鱼尾下部掏空，再与连接的戗脊分离，最后割断已经暴露在外的竖直支撑角钢和横向悬挑角钢。组织工人将鱼尾抬下来（图2-31、图2-32），集中放在指定的地方保存。

卸下原有戗脊尖鱼尾下面三截戗脊，清理戗脊尖至原钢筋混凝土屋面，露出原用于焊接角钢（图2-33）支撑戗脊尖的两块预埋铁件（图2-34），割掉原预埋铁件上固定戗脊尖的角钢，将铁板除锈，清理干净。

图2-31　工人抬下拆除的鱼尾

图2-32　卸下的戗脊尖鱼尾及已锈蚀的支撑角钢

图2-33　支撑琉璃戗脊的角钢锈蚀

图2-34　支撑角钢及预埋铁件

四、椽子头、飞檐边及挂瓦连檐维修

此次屋面维修中，发现挂瓦连檐松动开裂（图2-35），部分椽头和屋面飞檐边破裂（图2-36），钢筋外露，导致钢筋锈蚀，屋面瓦件松动，钉帽脱落。之所以出现此类问题，当初在屋面盖瓦时，是没有屋面亮化照明的，也没有预留固定亮化照明的装置。在后来的安装亮化照明装置时，只有在屋面飞檐边用钢钉和膨胀螺栓植入飞檐混凝土内固定亮化装置。部分钢钉敲破混凝土，使钢筋外露。膨胀螺栓钻进混凝土内，使雨水进入。亮化照明灯具使用寿命参差不齐，为了不影响节假日夜间亮化照明的效果，灯具一坏，就派人上屋面进行更换，这些人在屋面行走，踩坏琉璃瓦件，蹬掉钉帽，使部分琉璃瓦松动，雨水进入屋面。以上多种因素的影响，天长日久，雨水侵蚀，琉璃瓦件的松动，钉帽脱落，钢筋锈蚀膨胀，使混凝土开裂。

图2-35 连檐破损

图2-36 椽子头破损

因钢筋混凝土屋面飞檐板为悬挑板，个别地方表面受力钢筋保护层较薄，出现露筋现象，导致钢筋锈蚀，引起屋面混凝土开裂。

此次维修屋面，亮化工程与屋面琉璃瓦安装同步进行。安装亮化装置时，杜绝敲破混凝土飞檐边。当屋面焊接完挂瓦钢筋后，固定亮化装置的连接件直接固定在挂瓦钢筋上。连接件用螺栓与灯具连接。这样就避免了敲打飞檐混凝土，也就避免了钢筋外露，避免了混凝土的破裂和钢筋的锈蚀。

维修时先将开裂椽头和破损的屋面飞檐边凿开，露出锈蚀钢筋，除锈。再将破损椽头和破损的飞檐边的破损部位清理干净后，涂一层801建筑胶。再将水泥∶砂按1∶2的比例加801建筑胶调和，将破损部位修复（图2-37）。一次不宜太厚，分二至三次成型，干燥后表面刮细腻子。细腻子用801建筑胶加水泥调和。每刮一次，干燥后用砂纸打磨，直至椽头与椽身完全一体、

图 2-37 椽子头维修

图 2-38 重做挂瓦连檐

图 2-39 维修后的飞檐边、椽子头及连檐和
预先安装的亮化装置连接件

飞檐边维修达到设计要求，再在表面做油漆。

对于飞檐板面及屋面露筋锈蚀的地方，先将露筋部位凿开，将钢筋除锈，做防锈处理，将凿开的部位及周围清理干净，表面涂一层 801 建筑胶。将 801 建筑胶加水泥和黄沙调和，将露筋部位及周围封闭，分多次封闭，其厚度不小于 20mm。

将已经破损和与屋面板结构脱开的挂瓦混凝土连檐，全部拆卸下来。将屋面板与连檐结合处凿毛并清理干净，面刷 801 建筑胶，将预先做好的连檐模板固定在飞檐边，用 801 建筑胶调和细石混凝土，分多次做成挂瓦连檐（图 2-38）。

当连檐混凝土达到强度后，用砂轮机对连檐及飞檐边表面打磨，将飞檐边及原未拆卸的连檐的油漆磨掉。使新旧连檐及飞檐边全部磨平抛光，再刮腻子做油漆（图 2-39）。

通过这次对黄鹤楼屋面换瓦，除了固定琉璃瓦件的钢筋锈蚀和固定戗脊鱼尾的角钢锈蚀是这次处理的重要问题外，钢筋混凝土屋面结构及飞檐边的维修和椽子头的维修也是这次屋面维修的重点。特别是飞檐边和椽子头，这两个部位是暴露在最外面的屋面结构，也是最脆弱的部位，包括飞檐阴角部位水沟下的梁头。它们受气候影响最大，如果混凝土保护层厚度不够，雨水侵入混凝土内，使钢筋锈蚀膨胀，表面极易开裂。钢筋外表保护层混凝土脱落，钢筋就彻底暴露在外了。另外，若受外力破坏，如钢钉的敲击和膨胀螺栓的钻进，都是屋面结构受到破坏的因素。因此，此次维修一方面处理封闭已经暴露的钢筋和开裂的混凝土，另一方面，杜绝任何外来力量对这些部位的冲击破坏。

通过这次对屋面上述部位的维修，给黄鹤楼屋面结构做了一次全面的体检，消除了导致屋面结构受到破坏的隐患。也为黄鹤楼以后的维修和保护提供了实用的经验和应吸取的教训。

结构本身得到了良好的保护，整个工程的使用寿命的延长就得到了保证。

为了保证每个椽头修复外形一致，修复前先用钢材做一模型，该模型要易于安装和拆卸。

五、屋面琉璃瓦件施工

（一）屋面防水处理

1. 屋面安装固定挂瓦钢筋的铁板

在做屋面防水之前，先在屋面安装固定挂瓦钢筋的铁板（图2-40、图2-41）。

按设计要求，在离飞檐边150mm处，按间距2000mm，装150mm×250mm×8mm铁板，从飞檐边缘正中向两翼角均分。铁板与屋面的结合用4个直径8mm螺栓。在螺栓与屋面结合处钻孔，孔深50mm，孔内灌入结构胶，结构胶与螺栓结合牢固并封闭孔洞，从铁板孔中穿出螺栓。铁板与屋面用黏钢板的结构胶黏结牢固，用螺丝拧紧。该铁板作焊接固定屋面挂瓦钢筋用（图2-42、图2-43）。

第一、第二、第三、第四层屋面固定挂瓦钢筋铁板布置如下：为了加强挂瓦钢筋在屋面附着的牢固程度，除了飞檐边按固定勾头的部位安装该铁板外，沿离屋面水沟板两边缘150mm都按间距2000mm安装此铁板。围脊、戗

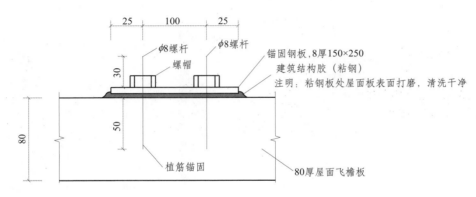

图2-40 铁板剖面图（单位：mm）

(a)   (b)

图 2-41 屋面安装固定挂瓦钢筋的铁板

脊边缘仍然使用原屋面结构施工时预埋的钢筋做固定挂瓦钢筋。由于有了上述铁板和预埋钢筋，屋面挂瓦钢筋在屋面飞檐及围脊、戗脊之间形成了牢固的焊接固定点。

第五层屋面固定挂瓦钢筋铁板布置如下：第五层屋面宝顶下博脊，小屋面歇山下博脊，小屋面正脊两边，宝顶下四角大戗脊两边，小屋面戗脊两边，离上述脊边缘100mm，按间距2000mm安装该铁板。

大、小屋面正交处形成的水平水沟，大、小屋面飞檐相交处形成的水沟，两边离水沟板边缘150mm，按2000mm间距安装该铁板。大屋面与博缝板形成

图 2-42 大屋面戗脊及飞檐边安装固定挂瓦钢筋的铁板   图 2-43 铁板大样

的水沟，离博缝板边缘 350mm，按 2000mm 间距安装该铁板。

2. 屋面防水

黄鹤楼钢筋混凝土屋面在拆除瓦件、清理干净后是不漏水的。所谓黄鹤楼的屋面防水，是在钢筋混凝土屋面自防水的基础上，再加一层防水材料。

拆除屋面苫背材料时，发现 30 多年前做的环氧树脂防水材料已经老化成一张壳，做的塑料油膏已经风化成碎片，都不能防水。

此次维修必须选用新的防水材料，确保黄鹤楼屋面在夏天高温和冬天严寒的气候下不至于过早老化而失去防水作用。同时要防止防水材料与屋面分离而让雨水直接侵蚀钢筋混凝土屋面。

此次维修，屋面防水准备了几套方案，其目的就是要保证防水效果，固定琉璃瓦件不能滑动，还要保持较长的时间。

第一套方案，采用柔性材料聚氨酯加玻纤布。该材料涂上屋面后较长时间不能硬化。如果铺贴琉璃瓦，会向下滑动。这个方案被否定了。

第二套方案，选用刚性防水材料。801 建筑胶，JS-991 防水胶，425 号华新水泥厂生产的普通硅酸盐水泥。这一次效果较好。

具体做法:将钢筋混凝土屋面清洗干净，干燥后开始做屋面防水（图 2-44、图 2-45）。

先在屋面刷 801 建筑胶一遍。将 JS-991 防水胶与水泥调和，充分搅拌后用橡胶刮板在屋面刮刷，与屋面紧密结合且不流淌。满刮一遍，注意不能漏刮。

待第一遍刮刷的防水材料干燥后，再刮刷第二遍。共刮刷三遍，其厚度不少于 4 mm。黄鹤楼第一、第二、第三、第四层屋面按此标准刮刷防水涂料。

图 2-44 屋面防水施工（一）　　　　　图 2-45 屋面防水施工（二）

第五层屋面按上述方法刮刷五遍，屋面防水厚度不小于 5mm。

防水材料施工顺序如下。

（1）第一、第二、第三、第四层屋面。

第一遍，从屋面飞檐边由下往上竖向涂刷，交接处由上面覆盖下面先涂刷的部分，覆盖面不能少于 100mm，两侧覆盖同样不少于 100mm。用这样的方法从下至上一直到围脊底部正当沟以内。两侧直抵戗脊斜当沟以内。

第二遍，从飞檐边中间向两侧戗脊横向涂刷。竖向交接缝覆盖不少于 100mm。往上横向涂刷时交接缝由上向下覆盖不少于 100mm。同样，上抵围脊下正当沟内，两侧抵戗脊斜当沟内。

第三遍同第一遍。

（2）五层屋面防水。

五层屋面防水第一遍至第三遍做法同一至四层屋面。第四遍同第二遍。第五遍同第三遍。

述评：

早在 30 年前屋面结构施工时，钢管脚手架就从屋面穿出，留有施工洞。混凝土封闭施工洞后，当时施工洞表面使用的防水材料为环氧树脂和塑料油膏，都已经老化与屋面分离。此次在屋面做防水前，除对屋面露筋等进行封闭外，对原钢管洞用 801 建筑胶调和水泥黄沙重新封堵，经几场大雨后，检查屋面是否漏水，在结构本身完全不漏水后，最终选用刚性防水材料做屋面防水。由于防水材料与结构同材，其防水和抗老化效果优于柔性材料。

（二）屋面挂瓦钢筋的布置

此次重点解决的问题是挂瓦钢筋的问题。30 年前，钢筋采用的是表面涂层防锈，使用的钢筋直径偏小，横向挂瓦钢筋数量偏少，苫背材料对钢筋握裹较疏松，导致钢筋锈蚀厉害，丧失挂瓦能力。

此次选用的挂瓦钢筋全部是直径 10mm 的镀锌钢筋，包括挂瓦钢筋钩。除了增加固定钢筋的铁板外，横向挂瓦钢筋数量根据屋面坡度确定钢筋间距。

将正脊、博脊（围脊）边琉璃瓦拆除后，露出原屋面挂瓦预埋钢筋，清理并做防锈处理。再穿入一根直径 10mm 镀锌钢筋，并与预埋钢筋焊接。

沿戗脊边布置一根直径 10mm 镀锌钢筋，一端勾在正脊、博脊（围脊）端头横向钢筋上，焊接；另一端焊接在飞檐边靠戗脊边的铁板上。

布置垂直于飞檐边，从正脊、博脊（围脊）、戗脊边下来的挂瓦钢筋网，钢筋网间距1000mm，上部弯钩勾在沿正脊、博脊（围脊）、戗脊边的横向挂瓦钢筋上焊接，下部与飞檐边屋面预埋铁板和横向挂瓦钢筋焊接（图2-46）。

图2-46　横向挂瓦钢筋与博脊（围脊）
梁边横向钢筋的连接固定

横向挂瓦钢筋的布置：沿飞檐边屋面铁板上横向焊接2根直径10mm镀锌钢筋，在这两根钢筋上焊接挂琉璃勾头和固定钉帽的钢筋钩，并绑扎固定琉璃勾头和滴子尾部的铜丝。再按每3块筒瓦相接，在第三块筒瓦尾部上方50mm，横向焊接一根直径10mm镀锌钢筋，作固定筒瓦和板瓦，将筒瓦和板瓦尾部的铜丝绑扎在此横向钢筋上。按此要求，每隔3块筒瓦，前面一块尾部上方50mm焊接横向挂瓦钢筋。

具体尺寸：平行于飞檐边缘，离飞檐边缘200mm焊接第一根通长挂瓦钢筋。该钢筋焊接在预埋在屋面、离飞檐150mm，规格150mm×250mm×8mm的铁板上，及从屋面正脊、博脊（围脊）竖直下来的挂瓦钢筋上。第二根挂瓦钢筋与第一根平行，离第一根150mm，同样焊接在屋面预埋铁板上及屋面正脊、博脊（围脊）垂下的竖直挂瓦钢筋上。

第三根挂瓦钢筋与第二根横向挂瓦钢筋的间距950mm，焊接在从正脊、博脊（围脊）垂下来的竖直钢筋上。其余横向挂瓦钢筋都按此间距与从正脊、博脊（围脊）垂下的竖直钢筋焊接，直到正脊、博脊（围脊）边缘。

横向钢筋穿过戗脊，与戗脊另一面竖向钢筋焊接，同时延伸至水沟边，与水沟边钢筋焊接。水沟边在离琉璃水沟板150mm预埋的铁板上，同飞檐边一样焊有两根钢筋，该钢筋作固定挂羊蹄勾头和钉帽的钢筋钩。竖向钢筋一端勾在正脊、博脊（围脊）、戗脊边预埋钢筋上固定的横向挂瓦钢筋上，另一端焊接固定在水沟边和飞檐边缘的屋面预埋铁板上焊接的沿水沟方向和沿飞檐边方向的挂瓦钢筋上，形成屋面挂瓦钢筋网。

黄鹤楼一、二、三、四层屋面挂瓦钢筋都按此尺寸焊接。各层平面及钢筋布置见图2-47～图2-54。

上述屋面除沿飞檐边的第一块滴子、勾头尾部用铜丝穿过琉璃瓦件的预留孔洞与横向挂瓦钢筋绑扎连接外，往上每三块筒瓦就要用铜丝与挂瓦钢筋绑扎，相应筒瓦下面的板瓦同样与挂瓦钢筋绑扎。

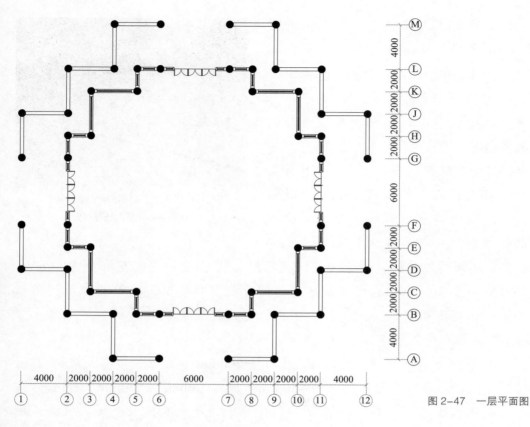

图 2-47 一层平面图

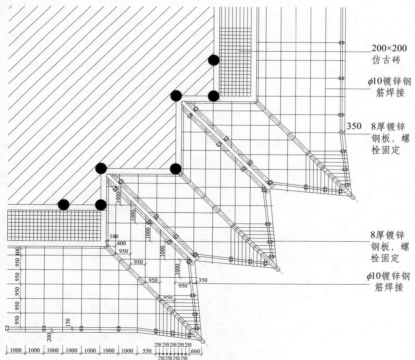

200×200
仿古砖

φ10镀锌钢
筋焊接

350　8厚镀锌
钢板，螺
栓固定

8厚镀锌
钢板，螺
栓固定

φ10镀锌钢
筋焊接

图 2-48　一层屋面挂瓦钢
筋布置图（单位：mm）

图 2-49 一层屋面挂瓦钢筋

图 2-50 一层阴角处挂瓦钢筋

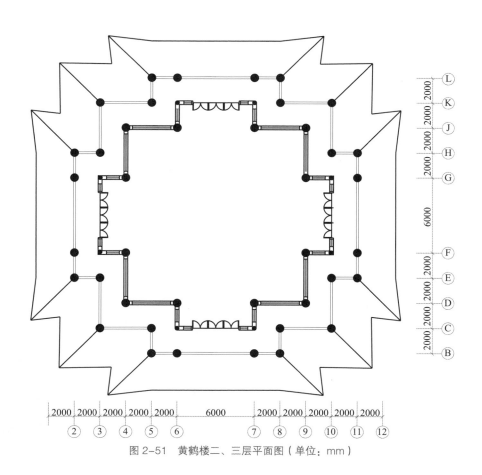

图 2-51 黄鹤楼二、三层平面图（单位：mm）

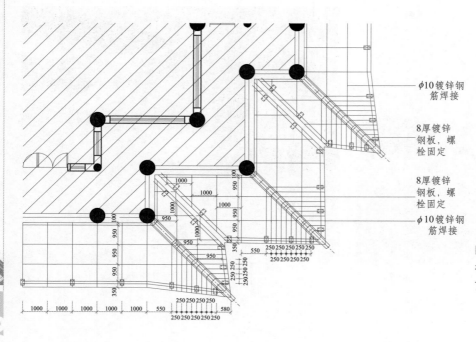

φ10镀锌钢筋焊接

8厚镀锌钢板，螺栓固定

8厚镀锌钢板，螺栓固定

φ10镀锌钢筋焊接

图 2-52 黄鹤楼二、三层屋面挂瓦钢筋布置平面图（单位：mm）

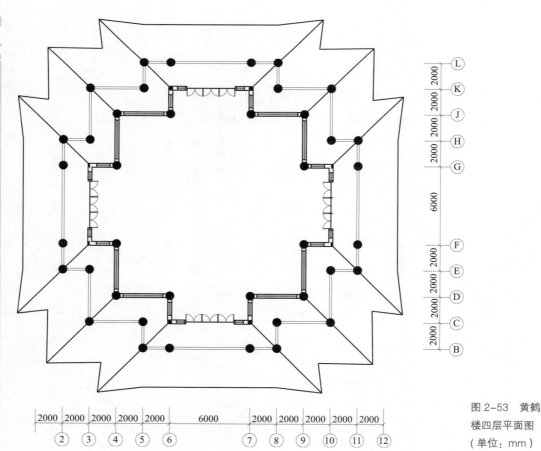

图 2-53 黄鹤楼四层平面图（单位：mm）

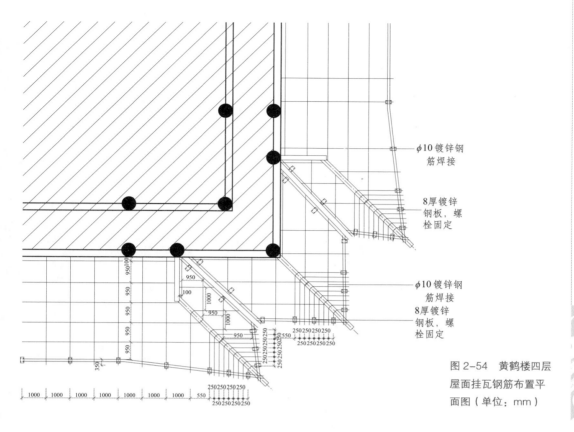

图 2-54　黄鹤楼四层屋面挂瓦钢筋布置平面图（单位：mm）

　　黄鹤楼五层平面图见图 2-55。黄鹤楼第五层屋面因有大、小屋面相交，且从大、小屋面相交处往上的大屋面坡度达 45°，瓦件若固定不牢，容易脱落下滑。因此，五层屋面挂瓦横向钢筋间距作适当调整（图 2-56、图 2-57）。

　　小屋面正面飞檐及屋面，平行于飞檐的第一、第二根挂瓦钢筋同黄鹤楼一至四层屋面的第一、第二根横向挂瓦钢筋。第三根与第二根的间距为650mm。其余横向挂瓦钢筋都按此间距与从正脊、戗脊垂下的竖直钢筋焊接，直到正脊边缘。

　　黄鹤楼五层大屋面，从飞檐边至大、小屋面飞檐相交处，横向挂瓦钢筋的焊接同黄鹤楼小屋面正面飞檐及屋面挂瓦钢筋的间距。

　　上述屋面除沿飞檐边的第一块滴子、勾头尾部用铜丝穿过琉璃瓦件的预留孔洞与横向挂瓦钢筋绑扎连接外，往上每两块筒瓦就要用铜丝与挂瓦钢筋绑扎，相应筒瓦下面的板瓦同样与挂瓦钢筋绑扎。

　　五层大、小屋面正交处水沟两边预埋铁件及焊接在预埋铁件上的两根横向挂瓦钢筋（图 2-58），在上面焊接挂瓦钢筋钩，用作固定正房檐及镜面勾头和钉帽，其做法同飞檐边固定滴子、勾头的挂瓦钢筋钩的焊接方法。从大、

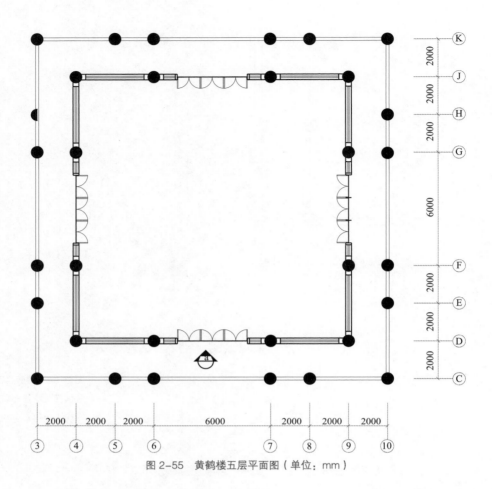

图 2-55　黄鹤楼五层平面图（单位：mm）

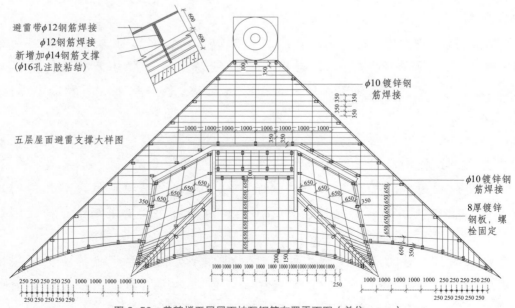

图 2-56　黄鹤楼五层屋面挂瓦钢筋布置平面图（单位：mm）

图 2-57 五层屋面挂瓦钢筋施工

图 2-58 五层屋面大、小屋面挂瓦钢筋施工

小屋面相正交的水沟边焊接在大屋面预埋铁板上的第二根横向挂瓦钢筋开始，该钢筋水平方向直抵两端大戗脊边的沿戗脊方向的挂瓦钢筋并与之焊接。第三根横向挂瓦钢筋与第二根的间距是 350mm，焊接方法同第二根横向挂瓦钢筋。其余横向挂瓦钢筋都按此间距与从宝顶基座博脊、戗脊垂下的竖直钢筋焊接，直到宝顶基座博脊边缘。

小屋面背面挂瓦钢筋施工间距和焊接方法同大屋面从大、小屋面相交处至宝顶底座之间挂瓦钢筋的施工方法。

上述屋面除沿大、小屋面正交水平水沟两侧的第一块正房檐、镜面勾头尾部用铜丝穿过琉璃瓦件的预留孔洞与横向挂瓦钢筋绑扎连接外，往上每一块筒瓦就要用铜丝与挂瓦钢筋绑扎，相应筒瓦下面的板瓦同样与挂瓦钢筋绑扎。

横向钢筋穿过戗脊，与戗脊另一面从宝顶博脊及两边戗脊垂下的竖直钢筋焊接，形成屋面挂瓦钢筋网。

黄鹤楼所有翼角从翼角起翘处至戗尖，按 250mm 间距焊接竖向挂瓦加强钢筋（图 2-59），覆盖翼角两侧屋面。一端与沿飞檐边通长的钢筋焊接并穿过戗脊，至另一面的飞檐边，与飞檐边通长钢筋焊接。与屋面横向

图 2-59 黄鹤楼翼角加强钢筋布置

挂瓦钢筋焊接，形成翼角挂瓦钢筋网。

　　焊接固定勾头的钢筋：该钢筋直径为10mm的镀锌钢筋，沿飞檐边焊接，其间距为250mm，在筒瓦的中轴线上。离飞檐边150mm，钢筋向上弯起，并从勾头钉帽眼中穿出。当勾头盖后，钉帽内灌入砂浆，盖在钉帽眼处，固定勾头。为防止钉帽脱落及防止雨水从钉帽眼处进入瓦内，在安装钉帽时，用建筑结构胶将钉帽与勾头接触缝封闭。这样既可防水，又加强了钉帽与勾头黏结牢固（图2-60、图2-61）。

　　屋面挂瓦钢筋焊接完毕，对焊接部位进行防锈处理，对屋面防水损坏部位进行修复。

图2-60　在铁板上焊接固定挂瓦钢筋及钢筋钩

图2-61　挂瓦钢筋钩

（三）一层屋面试盖琉璃瓦

1. 屋面苫背

　　一层屋面盖瓦平面图见图2-62。将水泥：石灰：黄沙按1:1:4的比例拌和，适量加入麻丝，将麻切割成60~80mm长。苫背灰调和干湿适度，捏得紧，撒得开。苫背最薄处30mm。到翼角、戗脊、围脊及水沟处，可根据屋面坡度适当加厚苫背。苫背灰的比例根据屋面不同部位适当调整，正屋面及正飞檐的水泥：石灰：黄沙为1:2:4；翼角及与戗脊连接屋面的水泥：石灰：黄沙为1:1:4。

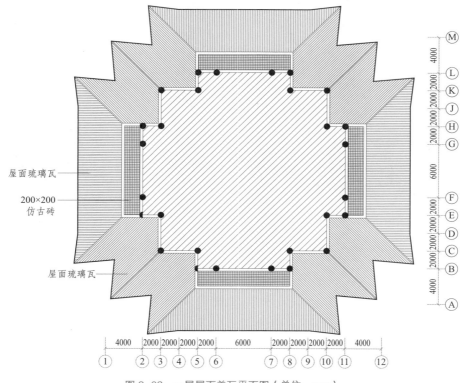

图 2-62 一层屋面盖瓦平面图（单位：mm）

2. 屋面盖瓦

首先，在屋面按间距 250mm 由屋面正中向两翼角弹线，翼角处间距均匀且随屋面变化衔接顺畅。

离檐口 100mm 挂通长线，滴子端部在同一条线上，勾头紧贴滴子。在屋面坡度改变处和离正脊、围脊 100mm 处挂横向通长线，确保瓦面铺盖平整。每条筒瓦瓦垄盖瓦时挂瓦垄线，确保每条瓦垄在一条直线上。

铺瓦顺序从中间向两翼施工。滴子居中，滴子、勾头、板瓦、筒瓦都用直径 2mm 铜丝与挂瓦钢筋相绑扎连接（图 2-63～图 2-66）。铜丝必须穿过板

图 2-63 盖滴子和板瓦示意图

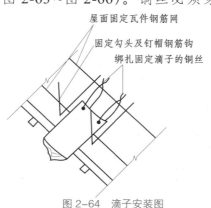

图 2-64 滴子安装图

· 43 ·

图 2-65　盖滴子、板瓦、勾头示意图

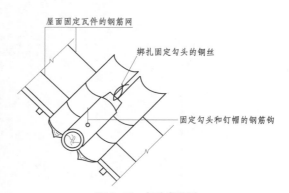

图 2-66　勾头安装图

瓦两个预留孔洞及筒瓦尾部预留孔洞，然后绕过屋面挂瓦钢筋，将两头拧紧，苫背灰覆盖。

　　当戗脊尖遮朽板两侧合角滴子、螳螂勾头及相邻滴子、勾头调整、安装完毕，盖上"遮心瓦"，鱼尾下戗脊安装完毕，就可以调整安装从屋面飞檐起翘处至翼角端部琉璃瓦。在接近翼角端部时，一定要与翼角端部已经安装好的滴子、勾头及瓦垄接合顺畅，苫背灰适当加厚。

　　每块筒瓦下铺两块板瓦。装板瓦时，板瓦下部苫背灰一定要密实，板瓦与苫背灰结合牢固。装筒瓦时筒瓦与板瓦结合部四周灰要密封。板瓦与筒瓦要黏结牢固。筒瓦腹内灰不宜塞满，以免受热膨胀挤破筒瓦。

3. 缝隙处理

　　将水泥：石灰：细黄沙按 1 : 1 : 2 的比例，加麻丝用水拌和，掺入氧化铁红，使颜色略比琉璃瓦件深，在盖筒瓦时，置于筒瓦与板瓦相结合的四周，使筒瓦与板瓦挤压，从缝隙中挤出，再压平瓦缝，将瓦面擦干净（图 2-67、图 2-68）。

图 2-67　筒瓦缝隙灰处理

图 2-68　盖筒瓦

（四）戗脊尖安装

戗脊尖的安装,是这次屋面换瓦的重中之重。戗脊尖安装施工图如图2-69所示。之所以这次能下定决心更换屋面琉璃瓦件,就是屋面戗脊尖脱落。脱落关键是支撑戗脊尖的角钢锈蚀断裂。原使用的30mm×4mm等边角钢翼太薄,在拆除原先安装的戗脊鱼尾时,发现所有支撑鱼尾的角钢都锈蚀严重,基本丧失支撑能力。

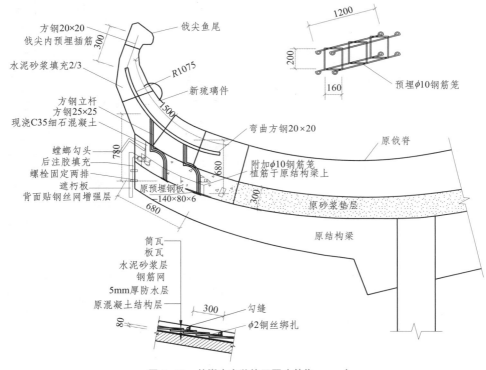

图2-69　戗脊尖安装施工图（单位:mm）

这次,设计选用25mm×25mm实心方钢做支撑钢,悬挑钢选用20mm×20mm实心方钢。焊接后做防锈处理。

具体做法:在翼角梁脊预埋铁件上,按设计要求焊接固定戗脊的方钢杆（图2-70）,截面尺寸为25mm×25mm。离戗脊端200mm处焊接第一根方钢杆,离戗脊端600mm处焊接第二根方钢杆。

方钢杆焊接后,对预埋铁件进行防锈处理,除锈后做防锈漆。

图2-70　焊接固定戗脊的方钢杆

预埋铁件上扎钢筋浇捣细石混凝土，与原屋面结构翼角梁同宽，高200mm。顺戗脊方向，与戗脊身琉璃脊下混凝土相接。

用水泥砂浆调整已浇捣混凝土与原戗脊脊身的弧度，并与相邻戗脊尖等高等曲线。

戗脊尖安装顺序如下：

先装遮朽琉璃板。用 2 根直径 2mm 铜丝穿入遮朽板顶孔洞中与竖直方钢杆绑扎。遮朽板背面预留 4 个孔洞中灌入建筑结构黏胶剂并插入螺杆黏结。螺杆长度根据板后与钢筋混凝土翼角梁端部间距确定。

翼角梁端上面坐水泥砂浆，比例为水泥：砂 =1：1，使遮朽板上部与翼角梁上部紧密黏结。将建筑结构黏胶剂挤入遮朽板背面与翼角梁端部空隙内，使遮朽板背面与翼角梁端部紧密黏结，且板背预埋螺杆嵌入黏胶剂中，使琉璃遮朽板不能脱落下来。

将合角滴子安装在遮朽板顶部两侧，用直径 2mm 铜丝穿入合角滴子预留孔洞中，将两个合角滴子连接，同时将合角滴子连接铜丝绑扎固定在竖直方钢上，坐水泥砂浆粘贴。合角滴子间、遮朽板顶用一块正当勾切去两翼嵌在其中，作为"遮心瓦"。在合角滴子上部坐水泥砂浆装螳螂勾头。螳螂勾头尾部钻孔，穿入直径 2mm 铜丝与竖直方钢杆绑扎固定。遮朽板、合角滴子、螳螂勾头安装见图 2-71。

待翼角两侧滴子、勾头、板瓦、筒瓦安装至戗脊边缘时，先安装翼角两侧对称斜当沟，其宽度等同于琉璃戗脊底宽，再安装压当条（图 2-72）。压当条边外挑离斜当沟面约 10mm 左右，与原戗脊压当条相接。用斜当沟和压当条调整戗脊的弧度曲线。

两侧压当条之间梁上不宜将水泥砂浆抹平，留待安装琉璃戗脊时坐浆连接。

图 2-71　遮朽板、合角滴子、螳螂勾头安装

图 2-72　戗脊压当条铺贴

戗脊端面标高与遮朽板顶端高差40mm，遮朽板顶端与螳螂勾头上部压当条顶端高差280mm，压当条两角在同一水平面上（图2-73）。

开始安装戗脊尖时，先装鱼尾下部第一节琉璃脊，使第一根竖直方钢杆穿入此节琉璃脊腹的预留孔洞中，再装鱼尾下第二节琉璃脊，使第二根竖直方钢杆穿入此节琉璃脊腹预留孔洞中（图2-74~图2-77）。沿戗脊轴线方向，将一根长1500mm，截面20mm×20mm方钢条穿入此二级腹内。

图2-73　戗脊正面端头

（右侧标注：压当条、螳螂勾头、合角滴子、遮心瓦、遮朽板）

方钢条与方钢杆相接处焊接。方钢条从鱼尾下第一节脊上端穿出，两节琉璃脊与戗脊梁之间用水泥：砂为1∶2的比例调和的水泥砂浆坐浆，校正两节戗脊，固定后，灌细石混凝土。混凝土将方钢杆及方钢条覆盖并有20mm的保护层。当混凝土牢固后，将戗脊脊身与戗脊端相连处的琉璃戗脊装上，使其与原戗脊脊身封闭结合。最后装鱼尾。将从琉璃脊伸出的方钢条插入鱼腹内，长度约为鱼腹的2/3。校正，灌细石混凝土。从鱼尾鳍开口处插入一根截面20mm×20mm方钢条，方钢条长300mm，鱼尾鳍内灌水泥砂浆，将插

图2-74　鱼尾下戗脊梁

图2-75　腹内悬挑钢支撑焊接

图 2-76　鱼尾下戗脊施工

图 2-77　戗脊尖鱼身安装

有方钢条的鱼尾鳍插入鱼腹混凝土内，使鱼身与尾鳍结合，戗脊鱼尾安装完毕（图 2-78）。在戗脊面盖扣脊瓦，用嵌缝材料封闭缝隙，抹平，将缝隙清理干净。戗脊尖安装完毕（图 2-79）。

经检验，一层屋面试验性盖瓦，从屋面防水、挂瓦钢筋的布置和固定、苦背灰及嵌缝灰的配比调合、瓦垄间距、表面平整、缝隙整齐、戗脊尖安装的效果，以及方钢支撑和悬挑方钢条的牢固程度等都达到了设计要求。

图 2-78　尾鳍安装

图 2-79　安装完成的戗脊尖

挂瓦钢筋钩全部使用直径 10mm 镀锌钢筋，在施工中比原先使用直径 6mm 略困难一些，装勾头时需用工具调整角度，但其耐锈蚀，使用寿命将更长。

试验性盖瓦完成，经有关专家验收，达到设计要求，效果良好。

正式屋面换瓦工程从五层屋面开始，往下逐层施工。

（五）五层屋面盖琉璃瓦

五层屋面盖瓦面积达 800m²。28 条水沟，16 个标准水沟头。大屋面四角戗脊每条长 17m，宝顶下四条博脊。小屋面 8 条戗脊每条长 5m，四条正脊每条长 6m，八条歇山博脊，16 条歇山垂脊，8 个垂兽，8 个正吻。除屋面盖瓦外，所有脊、兽、吻都要进行修复。

由于大、小屋面相叠，屋面排水在大、小屋面相交处形成的水沟和水沟头必须与屋面瓦垄合理相接。

图 2-80 五层屋面换瓦前水沟布置及排水现状（一）

小屋面飞檐与水沟头相接处盖滴水、勾头。水沟头另一侧，大屋面由上面大戗脊边下来的瓦垄与水沟头相交，在瓦垄与水沟头相交处上部加盖勾头，盖在水沟头上的斜房檐上，小屋面与水沟头相交处所盖的勾头与之对称。

水沟沟瓦连接上下水沟头，上部水沟排水能通畅进入下部水沟。沟瓦要

(a)

(b)

图 2-81 五层屋面换瓦前水沟布置及排水现状（二）

盖成一条直线，斜房檐紧贴沟瓦两侧，羊蹄勾头紧贴斜房檐，这样，才能使水流畅通（图2-80、图2-81）因此，五层屋面的盖瓦施工必须严格按照盖瓦的施工程序进行。

1. 准备工作

拆除屋面旧琉璃瓦件、清理屋面。对屋面露筋、飞檐边及椽头露筋除锈并作防锈处理。修补破损屋面，修补破损飞檐、椽头，修补连檐。更换戗脊破损琉璃脊，拆除原戗脊尖。焊接固定戗脊尖的方钢条，浇捣连接鱼尾的琉璃戗脊与翼角梁间混凝土。安装固定挂瓦钢筋的铁板，做屋面防水，焊接挂瓦钢筋及挂瓦钢筋钩。

2. 五层屋面盖瓦顺序

五层屋面盖瓦平面图见图2-82。要厘清五层屋面盖瓦顺序，首先要厘清屋面排水。水通则屋面通。五层屋面从宝顶往下，分别是：四角大戗脊直达

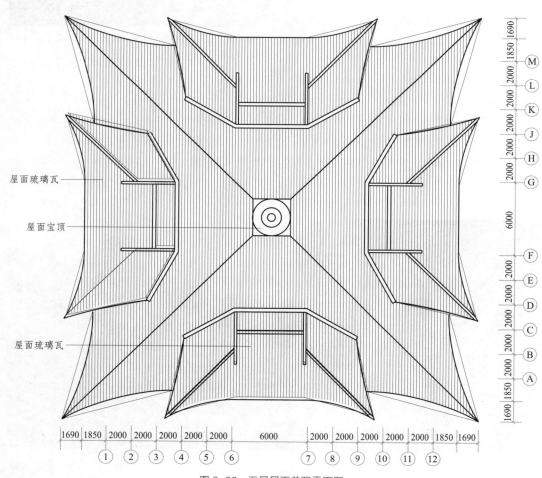

图2-82 五层屋面盖瓦平面图

屋面飞檐边，两大戗脊间是大屋面，每一大屋面分别与带歇山的小屋面相交；小屋面下搁置匾额，大屋面飞檐由匾额两边的博缝板截断。

大小屋面正交处形成一水平水沟，水沟上部大屋面仰角达45°，小屋面仰角为38.6°，这是第一条排水沟。

大屋面与小屋面飞檐相交，形成第二条排水沟。此条排水沟沟头在小屋面飞檐与大屋面相交处的端点上，水沟尾在小屋面歇山与大屋面相交处，也就是大、小屋面相交处水平排水沟的端头，水平排水沟琉璃水沟头搁置在此水沟尾部上方。

第三条排水沟是在第二条排水沟琉璃水沟头下、大屋面相对应的两垄筒瓦之间的瓦沟。

第四条排水沟是在小屋面下，大屋面与博缝板相交处。

厘清了五层屋面排水的顺序，依照该顺序安排屋面琉璃瓦施工的顺序。

在屋面盖瓦施工前，在四面小屋面正中向两端飞檐翼角弹盖瓦瓦垄线。瓦垄间距250mm，滴子、板瓦居中。大、小屋面正交处，从中间向两端弹瓦垄线，正房檐、板瓦居中。大屋面飞檐从博缝板向翼角弹线。

根据屋面所弹瓦垄线和确定的各条水沟的位置，对屋面进行盖瓦施工。

第四条排水沟施工：首先，沿博缝板与大屋面相交处，从飞檐边与博缝板端头开始，第一块为滴子，沿博缝板内侧，滴子后面贴板瓦，形成以板瓦为沟底的排水沟（图2-83）。

再按屋面盖瓦的布置，按所弹盖瓦瓦垄线及250mm间距，从博缝板端头向博缝板根部盖瓦。端头第一块琉璃滴子上面为琉璃勾头。滴子后面，沿水沟方向第二块开始，盖斜房檐，上面盖羊蹄勾头，按此一直到博缝板根部。形成以沿博缝板与大屋面板相交处琉璃板瓦为水沟底的排水沟。

第三条排水沟施工：从博缝板端头向大屋面戗脊方向，按瓦垄间距往大屋面上方盖两垄筒瓦至小屋面飞檐

图2-83　第四条排水沟
（大屋面与博缝板相交形成的水沟）

与大屋面板相交处的交点上，在此交点上将琉璃水沟头搁置在两瓦垄之间上方，调整水沟头与小屋面飞檐滴子、勾头及大屋面对应瓦垄筒瓦上方的琉璃勾头三者之间的关系，一定要使小屋面飞檐板与水沟头相交处琉璃勾头既能与飞檐边缘的琉璃勾头相协调，又要与水沟头上方的水沟侧边的羊蹄勾头相协调。水沟头的另一侧，搁置在瓦垄筒瓦上方的勾头要与同侧的羊蹄勾头相协调，屋面雨水要经水沟排入两条瓦垄之间由板瓦形成的水沟中。

第二条排水沟施工（图2-84）：在施工第三条水沟时，就已经调整好了第二条水沟的水沟头。要施工第二条水沟，必须先将大、小屋面正交形成的水平水沟两端的水沟头调整好。

水沟头两端在同一水平面，小屋面垂脊与大屋面相交处排山滴子、勾头与水沟头端部勾头协调。

固定水平水沟沟头后，才能铺贴第二条水沟的琉璃水沟板。

将琉璃水沟板从第二条水沟头开始，沿大、小屋面飞檐相交处形成的水沟往上，一直铺贴至大屋面与小屋面相正交处的小屋面歇山与大屋面的

图2-84　第二条排水沟施工（由歇山与大屋面相交处
至小屋面飞檐与大屋面相交处）

交点处。与第一条水平水沟沟头相接，使第一条水平水沟的雨水能顺利排入第二条水沟。

第一条排水沟施工：大、小屋面相交形成的水平排水沟，长6m，当两端琉璃水沟头安装完毕，安装水平排水沟琉璃水沟板。为了使屋面排水顺畅，在水沟中部将苫背灰提高30mm起拱，两端相对中部低30mm，使雨水向两端排出。

完成上述水沟施工，整个五层屋面的基本格局就确定下来了。

五层屋面盖瓦：根据一层屋面试盖琉璃瓦的工序，将施工工人分为两组。一组工人盖屋面琉璃瓦，另一组工人安装戗脊尖鱼尾。

盖琉璃瓦的工人分组：在已经弹好瓦垄线的五层屋面，盖琉璃瓦的工人一部分从小屋面正面中间按一层盖瓦的施工方法，从小屋面飞檐中间向两翼角盖

瓦；一部分工人从大屋面博缝板边的水沟边向大戗脊翼角方向盖瓦；一部分工人从大小屋面正交形成的水平水沟两边向小屋面正脊和大屋面宝顶方向盖瓦。

盖瓦施工要求：工人人手准备橡胶锤、1000mm 水平尺、挂瓦线、钢丝钳、直径 2mm 漆包线铜丝。水平挂 3 道线，即飞檐边滴子端头、屋面坡度改变处、博脊边；垂直挂线，即每条瓦垄挂瓦垄线；水平尺用于检查相邻瓦垄在同一平面；橡胶锤是在盖完筒瓦后要用其将筒瓦周边敲击紧密，将嵌缝灰挤压出来，再压平缝隙；钢丝钳用于剪断挂瓦铜丝，当板瓦和筒瓦与挂瓦钢筋用铜丝固定时，用钢丝钳拧紧。

安装戗脊鱼尾的工人要严格按照一层试装鱼尾的操作程序，在拆除了旧的鱼尾后的戗脊端部，焊接鱼尾方钢支撑，浇捣琉璃戗脊下方的混凝土梁垫，盖遮朽板、合角滴子、螳螂勾头、遮心瓦、两侧滴子、勾头、斜当沟，调整压当条，装鱼尾下第一节琉璃脊，装第二节琉璃脊，焊接横向悬挑方钢条，灌混凝土固定鱼尾下戗脊，安装鱼尾下戗脊与戗脊正身之间相连接戗脊，使戗脊成为整体。安装鱼身，灌混凝土固定鱼身，最后装鱼尾鳍。

戗脊鱼尾安装要求如下：

（1）同一层屋面，12 条戗脊端头压当条两端角在同一水平面。这样，鱼尾安装后都在同一水平高度上。

（2）鱼尾与该戗脊在同一轴线上。

（3）上一层屋面鱼尾与下一层屋面鱼尾在同一条垂线上。

3. 补装戗脊和焊接屋面避雷装置

下一步，在已经拆掉破损戗脊的地方重新安装新的琉璃戗脊。在新的琉璃戗脊孔内预埋直径 14mm 镀锌钢筋，预埋镀锌钢筋进入戗脊梁内 100mm，用结构胶固定并封闭植筋孔。每节琉璃戗脊内有 2 个孔，一个孔中预埋一根。灌细石混凝土。

戗脊脊身安装完毕，在脊身内预埋支撑屋面避雷钢筋的镀锌钢筋，直径 14mm，间距 1200mm。避雷支撑镀锌钢筋插入琉璃戗脊内混凝土中，直抵钢筋混凝土戗脊梁面。

安装戗脊盖瓦，在有避雷支撑预埋镀锌钢筋的部位，在琉璃瓦面钻孔，将预埋支撑镀锌钢筋从孔中穿出，用嵌缝砂浆封闭孔洞。

戗脊脊身避雷支撑安装完毕，将屋面避雷钢筋网进行防锈处理，在有避雷支撑预埋镀锌钢筋的部位，将避雷钢筋网的支撑钢筋，与戗脊上预埋镀锌支撑钢筋焊接。焊接部位进行防锈处理。

屋面避雷钢筋网由黄鹤楼屋顶结构预埋铁件上焊接的环形避雷圈上引出。

屋面避雷钢筋网覆盖整个五层屋顶所有正脊、正吻，戗脊、戗脊尖鱼尾。最高点是宝顶航空指示灯上部的避雷铜针。避雷铜针连接宝顶钢架，宝顶钢架焊接在屋顶结构预埋铁板上，环形避雷圈焊接在预埋铁板上，避雷圈与结构内避雷钢筋焊接，直通基础下部避雷网。

经检测，达到避雷要求。

新盖五层大小屋面琉璃瓦及水沟见图2-85～图2-88。

图2-85　新盖五层大屋面琉璃瓦

图2-86　新盖五层小屋面琉璃瓦

图2-87　新盖五层大小屋面飞檐相交处
琉璃瓦水沟

图2-88　新盖五层大小屋面正交处琉璃瓦水沟

（六）四层屋面盖琉璃瓦

四层楼外围正面轴线每边 4 根柱子到四层屋面截止，黄鹤楼结构到五层楼面后，为一方形楼面。故四层屋面正面形成带半歇山的屋面，歇山由垂脊压顶，戗脊与垂脊斜交。故四层屋面正面向大楼内延伸一个轴线，水平距离 2m。屋面宽度较二、三层屋面正面宽度要宽 2.8m。且屋面结构与五层楼面四面外廊砖砌栏杆相交处为弧形。因此，屋面盖瓦与下面屋面有所不同。

首先，在飞檐边离飞檐 100mm 处挂一根线，确保飞檐边滴子端部与飞檐边的距离 100mm。因飞檐檐口要挂一排夜间亮化照明的灯具，该灯具刚好在滴子下、椽头上的屋面飞檐端部。

四层屋面靠近五层楼面外廊砖砌栏杆部位，是弧形屋面结构，在该部位盖一块弧形罗锅筒瓦，底部为一块折腰板瓦。罗锅筒瓦至五层楼面外廊砖砌栏杆边缘还有半块普通筒瓦。

确定了滴子、勾头的位置和折腰板瓦、罗锅筒瓦的位置，调整之间筒瓦的间距。保证之间的筒瓦是完整的，且间距不宜太宽或太窄。从勾头到罗锅筒瓦共计 17 块。经调整，缝隙为 10mm 左右。并用相应厚度的瓦片卡在两筒瓦间。横向挂线控制相邻瓦垄的缝隙宽度和屋面盖瓦平整度。相邻瓦垄之间用 1m 长的平水尺控制瓦垄在同一水平高度上。每一条筒瓦瓦垄在盖瓦时挂瓦垄线，确保瓦垄在一条直线上。

四层屋面四个正面琉璃瓦盖完，在外走廊栏杆墙边，贴正当沟，上贴压当条，在压当条上，与走廊外围栏杆墙接触处，贴 1/4 圆琉璃瓦压顶（图 2-89）。栏杆墙面盖琉璃扶手板（图 2-90）。四层屋面盖琉璃瓦、栏杆墙面盖琉璃扶手板安装图见图 2-91。

图 2-89　四层屋面至五楼面外廊栏杆墙边琉璃件施工

图 2-90　五层楼面栏杆墙盖琉璃扶手板

两侧半歇山下，屋面瓦盖至歇山边，贴正当沟，上装单面群色条压顶（图2-92）。

阴角处围脊：板瓦、筒瓦盖至脊边，贴正当沟，装单面大群色条，上装单面围脊板，面贴满面板压顶（图2-93）。歇山博脊、围脊安装图见图2-94、图2-95。

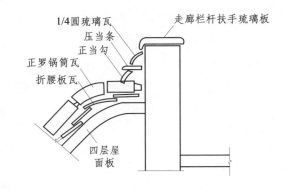

图2-91 四层屋面瓦安装图

图2-92 半歇山下博脊盖琉璃件

图2-93 阴角围脊施工

图2-94 歇山博脊安装图

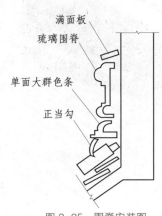

图2-95 围脊安装图

戗脊尖鱼尾安装同五层屋面。四层屋面盖瓦平面图见图2-96。

（七）二、三层屋面盖琉璃瓦

黄鹤楼二、三层屋面结构相同，屋面盖瓦面积和尺寸相同。二、三层屋面盖瓦平面图见图2-97。与四层屋面的区别，就是四面外围每一面4根钢筋混凝土柱上下贯通。相比四层屋面，就少了向内伸入的2m，也就没有形成弧形屋面。屋面板瓦和筒瓦直接抵围脊边。围脊边贴正当沟，上装单面大群色条，群色条上装单面琉璃围脊板，琉璃围脊板面盖满面板压顶。完成上述工序，用嵌缝砂浆将缝隙压平，用抹布擦干净。

屋面正面围脊阳角两侧装合角吻。一面两对，一层屋面计8对。故二、三层屋面共计16对琉璃合角吻。四层屋面琉璃瓦施工见图2-98、图2-99，新盖三层屋面琉璃瓦见图2-100，新盖一层屋面琉璃瓦见图2-101，新盖一层屋面阴角琉璃瓦见图2-102。

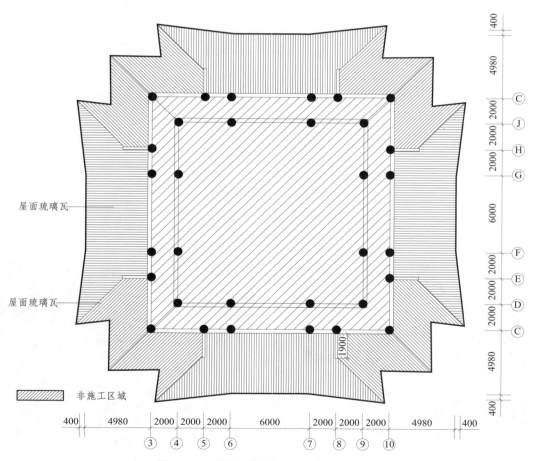

图 2-96 四层屋面盖瓦平面图（单位：mm）

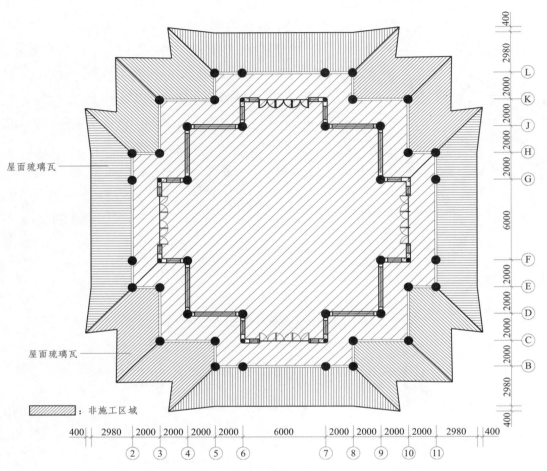

屋面琉璃瓦

屋面琉璃瓦

⬛▨ : 非施工区域

图 2-97 二、三层屋面盖瓦平面图（单位：mm）

图 2-98 四层屋面琉璃瓦施工（一）

图 2-99 四层屋面琉璃瓦施工（二）

图2-101 新盖一层屋面琉璃瓦

图2-100 新盖三层屋面琉璃瓦　　　　　　　　图2-102 新盖一层屋面阴角琉璃瓦

（八）脊、吻、兽的维修

（1）屋面正吻、合角吻、垂兽、正脊、戗脊、博脊（围脊）、垂脊等，凡是脱皮、破损的部位，都要用钢丝刷将脱皮、破损部位清理干净，刷801建筑胶，刮801建筑胶与水泥调和的腻子。保持正吻、合角吻、垂兽、正脊、戗脊、博脊（围脊）、垂脊等的外形。干燥后砂光涂环氧树脂底漆和丙烯酸聚氨酯面漆，颜色与琉璃瓦件同。

屋面垂兽角是琉璃构件的薄弱环节，因安装在垂兽顶端，且构件直径较小，长期受外界恶劣气候的影响，极易老化并折断。到此次维修时，垂兽角基本折断并脱落。此次重新按原样制作垂兽角，将四层及五层屋面共计16个垂兽的16对垂兽角全部更换成新的垂兽角。

（2）将正吻、正脊、戗脊、博脊（围脊）、垂脊等缝隙进行清理，重新嵌缝。特别是正吻的缝隙、背兽、剑把，用建筑结构胶进行缝隙封堵，以免脱落。

（3）对于部分表面破损严重的琉璃正脊、戗脊、群色条，予以更换。更换时不能破坏相邻琉璃构件。安装正脊、戗脊时，要预埋钢筋予以固定。在屋面梁上钻孔，孔内灌入结构胶，将钢筋插入孔内，用结构胶黏结固定。钻孔要用结构胶封闭密实，不能让雨水进入屋面结构。

脊、吻、兽维修前后的对比见图2-103～图2-112。

图2-103 破损的正脊和群色条

图2-104 维修后的正脊和群色条

图2-105 维修前正脊

图2-106 维修后正脊

图2-107 拆除破损戗脊

图2-108 维修后戗脊

图 2-109　维修前正吻

图 2-110　维修后正吻

图 2-111　维修前垂兽

图 2-112　维修后垂兽

述评：

　　屋面维修，是黄鹤楼维修的重点。钢筋混凝土结构的仿古建筑，首先是保证结构本身完好无损。没有水的渗入，没有钢筋的锈蚀膨胀，钢筋混凝土结构就不会遭到破坏，也就不会影响到结构的使用寿命。为了确保结构的安全，必须做到如下方面：

（1）作为仿古建筑，她的使用寿命越长越好，故混凝土的强度要比一般建筑高，结构施工中确保钢筋保护层厚度。

（2）杜绝外力对结构表面的破坏。例如安装屋面亮化灯具，用膨胀螺栓钻进屋面飞檐板，用钢钉钉入混凝土屋面固定灯具。导致屋面结构破坏，钢筋暴露，遇雨水锈蚀膨胀，使屋面混凝土开裂。

（3）固定屋面琉璃瓦件的预埋铁件和挂瓦钢筋，必须以抗锈蚀为目的设计。确保一定的截面和做防锈处理。它们的使用寿命一定要大于屋面琉璃瓦件的使用寿命。

（4）瓦缝和各异型琉璃件必须封闭密实，缝隙封闭材料从内向外挤压，然后将缝隙勾整齐。最大限度减少雨水从缝隙进入屋面。

（5）杜绝检修人员随意上屋面蹬踩屋面琉璃瓦件和钉帽。钉帽松动，雨水进入钉帽，导致固定钉帽的挂瓦钢筋钩锈蚀，钉帽和勾头就会松动脱落。瓦垄松动，雨水进入屋面板，导致挂瓦钢筋锈蚀，屋面瓦会松动脱落。

第三节　宝顶维修

宝顶也是这次维修的重点。由于宝顶渗水，导致支撑宝顶的钢架锈蚀。若长此以往，势必影响宝顶的安全。封堵宝顶渗水，是我们这次维修的当务之急。

黄鹤楼五层屋顶宝顶为琉璃瓦件拼装而成，琉璃宝顶高 4.05m，底层荷叶边直径 3.4m，荷叶边上第一个葫芦直径 2m，第二个葫芦直径 1.5m，上有直径 800mm 航空灯罩。宝顶剖面图见图 2-113。宝顶琉璃瓦件用铜丝固定在角钢支架上，角钢支架焊接在黄鹤楼屋顶结构预埋铁件上。琉璃瓦件拼装缝隙内用水泥砂浆封堵。

30 年来，武汉地区夏天的酷暑和冬天的严寒，使得封堵宝顶琉璃瓦件缝隙的水泥砂浆破碎、松动、脱落。雨水从缝隙渗入宝顶内，使得宝顶内的支撑钢架表面油漆脱落，钢架锈蚀，特别是靠近宝顶琉璃瓦件的环形槽钢锈蚀严重。必须及时对宝顶进行封堵防水，对钢架进行除锈，做防锈漆加以保护，消除宝顶的安全隐患。

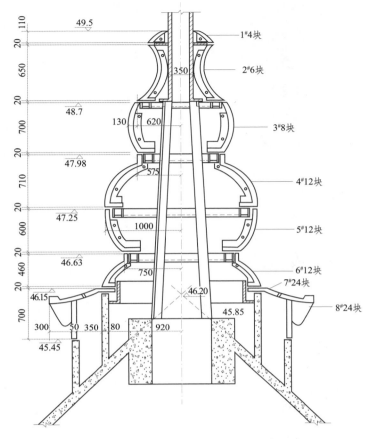

图 2-113 宝顶剖面图（单位：高程 m；尺寸 mm）

一、对宝顶外表面缝隙进行清理并封堵

宝顶外围屋面坡度达 45°，周边没有可作为搭设脚手架的依托支撑。工人如何上到宝顶葫芦顶端清理封闭缝隙，必须要有一个既安全、又能保证维修质量的可靠方法。

要保证工人操作安全，站人的基础必须牢固。经研究，首先将宝顶底部荷叶边表面缝隙及与屋面接触的基础进行清理；掏出缝隙中已经松动的嵌缝砂浆并清理干净，用油漆铲将建筑结构胶压入缝隙中，将缝隙填满并封闭密实（图 2-114）；将连接并固定琉璃荷叶边的铜丝用该黏结材料覆盖（图 2-115）。当该建筑结构胶达到强度后，整

图 2-114 对宝顶外缝隙进行清理封堵

图 2-115　已封堵的缝隙和已覆盖的
固定宝顶的铜丝

图 2-116　缝隙封堵后的宝顶

个宝顶荷叶边与屋面相接的基础就形成为一个整体。工人站在上面操作，就不会破坏琉璃宝顶，也就不会从上面摔下来。

第二步，工人上到琉璃宝顶荷叶边的面上，将缆绳系在大小葫芦的束腰部位，将木梯固定在上部缆绳上，木梯下部落在琉璃荷叶边表面，下面由另一个工人扶住木梯，还有两个工人用手拉住系在木梯上的缆绳，保证工人在上面操作时不晃动。同时，操作工人身系安全带，另一端系在缆绳上。将荷叶边上部直径 2m 的大葫芦表面缝隙中的嵌缝砂浆清理干净，将上述建筑结构胶压入缝隙中，将缝隙封堵密实。

当直径 2m 的宝顶葫芦封堵缝隙的建筑结构胶达到强度后，工人再换较长的木梯，直达宝顶顶部。用同样的方法将木梯固定，工人一直上到宝顶顶部。从宝顶顶部航空指示灯灯罩底部往下，所有缝隙都进行封堵。先将托航空指示灯的钢管周边封堵，往下封堵琉璃宝顶顶部。再往下封堵琉璃宝顶上部葫芦周边缝隙。最后封堵与大葫芦相接的束腰部位。至此，整个琉璃宝顶外部缝隙全部封堵完毕。等到天下雨，检验宝顶内部是否漏水。

琉璃宝顶外面缝隙清理并用建筑结构胶封堵处理后，经几场大雨的检验，工人上到宝顶内部查看，没有雨水进入。

然后，工人进入宝顶内部，对内部琉璃板缝隙用同样的方法进行清理，用建筑结构胶进行封堵，使宝顶由分块的琉璃瓦件因结构胶的黏结成为了一个整体（图 2-116）。

在作了上述防水处理后，对原用铜丝固定琉璃件的地方，再用直径 2mm 铜丝两根拧在一起，穿过琉璃瓦件勒上的孔洞与钢架绑扎固定。用上述方法，进一步加强了宝顶的整体安全。

二、宝顶内钢架的防锈处理

由于宝顶琉璃瓦件缝隙渗水，使得固定宝顶琉璃瓦件的钢支撑锈蚀。特别是靠近宝顶琉璃瓦件的环形槽钢和垂直的靠近宝顶琉璃瓦件的加劲肋锈蚀严重（图2-117、图2-118）。原先涂在钢架表面的油漆和保护油漆的聚氨酯已经与钢架分离，用手就可以将其揭下来。只要有水进入宝顶内，水就直接浸泡在钢架上，加速钢架的锈蚀。

图2-117 宝顶钢架锈蚀（一）

图2-118 宝顶钢架锈蚀（二）

此次除了杜绝雨水进入宝顶内，还要对钢架进行防锈处理，表面做防锈漆予以保护，以期延长钢架的使用寿命，确保宝顶的安全。

安排工人进入宝顶内部，用钢丝刷、铁砂纸将钢支架进行除锈处理。除锈处理后的钢架见图2-119。然后再涂防锈材料将钢架保护，与水隔绝。

图2-119 除锈处理后的钢架

　　具体做法：将锈蚀部位除锈并清理干净，做防锈底漆2遍（图2-120），将钢架完全封闭。再做防锈面漆2遍（图2-121）。防锈漆生产厂家及型号见图2-122。用这样的方法，将宝顶钢架完全包裹起来，使其不与水接触，杜绝生锈的可能性。最后罩一遍绿色丙烯酸聚氨酯面漆（图2-123）。以后每年检修，以便延长钢架的使用寿命。

　　困扰多年的宝顶漏水问题，以及因漏水而导致宝顶支撑钢架锈蚀问题，经工人的精心处理，得到了彻底解决。解决了漏水的隐患，杜绝了钢支架加速锈蚀的根源。

(a)　　　　　　　　　　(b)

图2-120　对支撑琉璃宝顶的钢架刷防锈漆（底漆刷2遍）

(a)　　　　　　　　　　(b)

图2-121　对支撑琉璃宝顶的钢架刷防锈漆（防锈漆刷2遍）

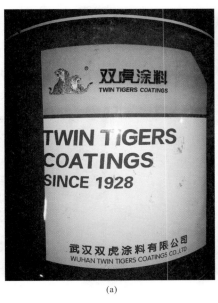

图 2-122 防锈漆
生产厂家及型号

(a)　　　　　　　　　　　(b)

图 2-123 宝顶支
撑钢架涂绿色丙烯酸
聚氨酯面漆

(a)　　　　　　　　　　　(b)

述评：

现代仿古建筑相比古典建筑，其最大的特点是，不受建筑材料的限制。因此，她的体量高大。相应各个部件按比例也要增大。如宝顶，同治黄鹤楼三层，高九丈七尺五寸，即 32.5m。同治黄鹤楼为青铜宝顶（图 2-124），中空，壁厚 40mm，重约 2000kg，从莲座底至宝顶尖高 3.4m。莲座直径 1.8m，其下葫芦直径 1.1m，中葫芦直径 0.9m，上葫芦直径 0.7m。整体为一封闭体，雨水不能进入宝顶内。置于黄鹤楼顶，因屋顶封闭，雨水不能进入楼内。

重建黄鹤楼五层，高51m。琉璃宝顶，高4.05m。莲座直径3.4m，大葫芦直径2.0m，小葫芦直径1.5m。黄鹤楼钢筋混凝土屋顶有直径0.7m出入宝顶的洞口，检修人员可以进入宝顶内置换航空灯具。这么个庞然大物，若用金属制作，是相当困难的，当时的吊装条件，也很难搬上楼顶。故改为琉璃板拼装而成。这样，运输和安装便捷。最大的问题是，如何封闭缝隙，不能使雨水渗入宝顶内。这个问题的解决，也就杜绝了雨水进入楼内。

图2-124 同治黄鹤楼青铜宝顶

三、黄鹤楼屋面瓦件细分

（一）黄鹤楼屋面琉璃瓦件

黄鹤楼屋面更换的琉璃瓦件见表2-1，屋面保留及修复的琉璃瓦件见表2-2，各层屋面面积见表2-3。

表2-1 黄鹤楼屋面更换的琉璃瓦件

名 称	规 格	单 位	颜色	一层屋面	二层屋面	三层屋面	四层屋面	五层屋面	综合数量
滴子	7样	件	黄	648	536	536	616	688	3024
勾头	6样	件	黄	648	536	536	616	688	3024
筒瓦	6样 L=304mm H=76mm B=126mm	件	黄	8228	3626	3626	4954	8584	29018
板瓦	7样 L=320mm H=41.6mm B=224mm	件	黄	16456	7252	7252	9908	17168	58036
正当沟	6样 L=251mm	件	黄	430	304	304	482	421	1941
斜当沟	6样 L=351mm	对	黄	250	168	168	144	304	1034
水沟头	L=360mm H=100mm B=220mm	件	黄	8	8	8	8	16	48
水沟板	L=360mm H=100mm B=220mm	件	黄	168	80	80	100	140	568

名　称	规格	单位	颜色	一层屋面	二层屋面	三层屋面	四层屋面	五层屋面	综合数量
羊蹄勾头	6样	对	黄	144	80	80	90	132	526
斜房檐	7样	对	黄	144	80	80	90	132	526
钉帽	6样	件	黄	936	696	696	776	952	4056
鱼尾	L=1200mm H=350mm B=200mm	套	黄	12	12	12	12	12	60
遮朽板	L=375~450mm H=30mm B=250mm	件	黄	12	12	12	12	12	60
压当条	6样	件	黄	700	386	386	400	608	2480
镜面勾头	6样	件	黄					192	192
正房檐	7样	件	黄					192	192
正罗锅筒瓦	6样	件	黄				180		180
折腰板瓦	7样	件	黄				180		180

注　L—长度；H—高度；B—宽度。

表2-2　黄鹤楼屋面保留及修复的琉璃瓦件

名　称	规格/mm	单位	颜色	一层屋面	二层屋面	三层屋面	四层屋面	五层屋面	综合数量
单面大群色条	L=500	件	黄	320	176	176	96	144	912
正脊	L=500 H=400 B上=250 B下=222	件	黄	112				48	160
戗脊	L=500 H=350 B=200	件	黄	180	96	96	96	216	684
正吻	H=1400	套	黄					8	8
合角正吻	H=1400	对	黄	8					8
合角吻	L=520 H=900 B=150	对	黄		8	8			16
垂兽	L=500	件	黄				8	8	16
垂脊	L=500 H=400 B=225	件	黄				48	72	120
围脊	L=500 H=400 B=100	件	黄	96	176	176	64	28	540
宝顶	H=4050	套	黄					1	1

注　L—长度；H—高度；B—宽度。

表 2-3　黄鹤楼各层屋面面积

各层屋面	一层屋面	二层屋面	三层屋面	四层屋面	五层屋面	合计面积
面积 /m²	812.4	254.2	254.2	476.96	800.76	2598.52

（二）黄鹤楼屋面瓦件种类
1. 黄鹤楼屋面维修更换琉璃瓦件（图 2-125 ~ 图 2-151）

图 2-125　羊蹄勾头　　　　　　　　　　　　　　　图 2-126　斜房檐

图 2-127　斜房檐（对）　　　图 2-128　羊蹄勾头（对）　　　图 2-129　滴子

 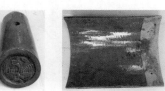 

图 2-130　勾头　　　　　图 2-131　板瓦　　　　　图 2-132　筒瓦

图 2-133　正房檐　　　　　　　　　　　图 2-134　镜面勾头

图 2-135　折腰板瓦　　　图 2-136　正罗锅筒瓦　　　图 2-137　正当沟　　　图 2-138　斜当沟

图 2-139　满面板

图 2-140　方地砖

图 2-141　压当条

图 2-142　单面大群色条

图 2-143　扶手面板

图 2-144　正脊

图 2-145　钉帽

图 2-146　遮朽板

图 2-147　戗脊

图 2-148　水沟头

图 2-149　水沟板

图 2-150　鱼尾

图 2-151　鱼尾连接脊

2. 黄鹤楼屋面修复的琉璃件（图2-152～图2-157）

图 2-152　黄鹤楼宝顶

图 2-153　一层屋面合角正吻

图 2-154　合角吻

图 2-155　垂兽

图 2-156　五层屋面正吻背

图 2-157　五层屋面正吻正面

第四节　戗脊梁腹板维修

　　30 年前，黄鹤楼在钢筋混凝土结构施工完成后，进入屋面装修阶段，发现翼角梁腹部太小，当屋面琉璃瓦覆盖后几乎看不见翼角下的翼角梁腹部。当时就提出，加大翼角梁腹部。

　　用什么方案增加腹部的厚度，是用钉钢板网粉水泥，还是用木头？最后的意见是用木头做腹板，用膨胀螺栓固定在钢筋混凝土翼角梁下部。方案确定后，在一层屋面翼角梁下安装好预制龙头后，将做好的翼角梁木腹板安装上去，经设计师和有关专家看后，一致认为效果很好。于是，黄鹤楼 60 个翼角梁下都加装了木制翼角梁腹板（图2-158）。

经过30年来的风风雨雨，黄鹤楼翼角梁木腹板开裂破损（图2-159）。此次决定，将60个破损的翼角梁木腹板全部更换，按原样重做新的木腹板。将已破损的戗脊梁木腹板拆卸下来（图2-160）。

用与原木腹板相同的木材做成与原木腹板一样的腹板，用同样的方法将新腹板装上去（图2-161）。螺栓要进行防锈处理。

为了防止木腹板与钢筋混凝土戗脊梁裂开，在做油漆前，将亚麻布用生漆将混凝土与木板之间的缝隙及整个木腹板封住（图2-162、图2-163）。与混凝土搭接两边宽度不少于100mm。当生漆将亚麻布牢牢地粘贴在木腹板面并封住混凝土缝隙后，在表面刮腻子做油漆（图2-164）。

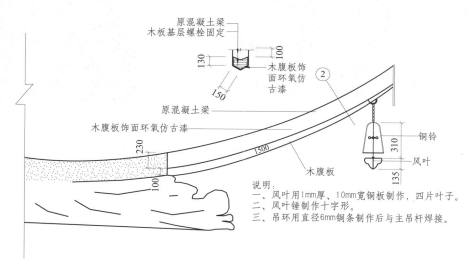

图 2-158　戗脊梁木腹板及铜铃风叶图

图 2-159　翼角梁木腹板破损

图 2-160　拆除破损木腹板

图 2-161　重装新木腹板

特别说明的是，在拆开戗脊梁木腹板表面一层木板时，如果里面的膨胀螺栓没有锈蚀，木衬完好，就只修复表面层，里面不动，仅对膨胀螺栓作防锈处理。黄鹤楼翼角梁木腹板在飞檐板下，受雨水影响小，仅表面木板破裂。此次仅对表面木板更换。

图 2-162　刮生漆腻子封堵缝隙　　　图 2-163　粘贴亚麻布　　　图 2-164　生漆粘贴亚麻布并刮生漆腻子

第五节　黄鹤楼铜铃风叶更换

黄鹤楼铜铃风叶铜制吊杆直径 6mm，经 30 年的风风雨雨，表面氧化，质地变脆，稍有弯折便断裂，且风叶受风面积较小，没有一定的风力难以吹动风叶敲打铜铃。此次更换屋面瓦件，也将铜铃风叶予以更换。风叶吊杆直径仍为 6mm，适当加长吊杆长度，风叶受风面积加大，适当调大风叶锤与铜铃内壁间距，当风力达到一定强度时，吹动风叶，风叶锤敲击铜铃发出悦耳的声音。维修前后黄鹤楼铜铃及其风叶见图 2-165～图 2-168。

图 2-165　维修前黄鹤楼铜铃风叶　　　　　图 2-166　维修后黄鹤楼铜铃风叶

图 2-167　维修前黄鹤楼铜铃　　　　图 2-168　维修后黄鹤楼铜铃

第六节　黄鹤楼楼梯踏步铜防滑条更换

黄鹤楼自 1985 年建成对外开放，每天八方游客络绎不绝。

黄鹤楼建有两部楼梯、两部电梯。电梯主要是为方便老年人和行动不方便的游客登楼之用。绝大多数游客则是沿着楼梯踏步拾级而上。最为繁忙的就是这两部楼梯了。楼梯踏步上的防滑铜条被游人的双脚磨得锃光发亮，防滑铜条上的防滑槽被磨得没有踪影。整个铜条变得中间低，两头高。防滑铜条已经成为了光亮的铜板了。若是雨天，或有水洒到上面，极易使人滑倒。曾经就有人不慎滑倒而导致骨折。

这次黄鹤楼维修，决定将旧的防滑铜条全部换掉，按原样重做新的防滑铜条，杜绝因防滑铜条磨损而影响游客安全的事故发生。

黄鹤楼每部楼梯从一层楼面至五层楼面有 184 级楼梯踏步，两部楼梯共计 368 级楼梯踏步。从五层楼面到电梯机房楼面有 22 级楼梯踏步。黄鹤楼共计有 390 级楼梯踏步。这 390 级楼梯踏步上的铜防滑条全部予以更换。

具体做法：将旧防滑条固定螺栓切断，取下防滑条，将螺栓在大理石踏步表面突出部分用砂轮磨平，大理石踏步板不更换。为了使新的踏步防滑条在大理石踏步边用螺栓固定时，与原螺钉错开且不破坏大理石踏步板，将螺栓距离拉开。原 4 颗螺钉，现为 5 颗螺钉。

安装防滑条前，将已取下旧防滑条的大理石踏步部位清洗干净，按新防滑条螺栓眼对应踏步大理石上钻孔，使螺栓能插进去。将新踏步板铜防滑条背面满涂建筑结构胶，使铜防滑条与大理石踏步板紧密黏结在一起，将螺栓孔中灌建筑结构胶，然后将螺栓拧紧。在没有游人的晚上施工，第二天结构胶干燥固定后，检查有无空洞及松动现象，若有则重新安装。确保铜防滑条牢固地黏结在大理石踏步上，游人走动时上面没有空空的声音。更换前后黄鹤楼踏步铜防滑条见图2-169、图2-170。

图2-169　更换前黄鹤楼踏步铜防滑条　　图2-170　更换后黄鹤楼踏步新铜防滑条

第七节　黄鹤楼维修油漆施工

一、30年前黄鹤楼油漆和腻子

（一）油漆的选择

30年前重建黄鹤楼，将传统的木结构改为现浇钢筋混凝土结构。在钢筋混凝土表面做油漆并要求具有木质效果是一个新的课题。经反复研究、试验，决定采用环氧树脂底漆、聚氨酯面漆。

环氧树脂底漆和聚氨酯面漆的样品通过人工老化试验，证明是目前各方面性能最优的产品。

将环氧树脂底漆涂刷在pH=9的水泥板上无起泡脱落现象，人工老化90天后漆膜完好。

外用聚氨酯面漆与同类型面漆在人工老化90天后比较，其保光、保色都居首位，人工老化试验结果对比见表2-4、表2-5。

表2-4　底漆人工老化试验结果对比表

时间 /d	品　种				
	氯化橡胶	苯丙乳胶	过氯乙烯	环氧树脂	带锈环氧
2	无变化	无变化	大泡	无变化	无变化
4	二级起泡		大泡	无变化	无变化
7	三级起泡	三级起泡	大泡	无变化	无变化
13	三级起泡	四级起泡		无变化	无变化
60				无变化	无变化
90				无变化	无变化

表2-5　面漆人工老化试验结果对比表

时间 /d	品　种			
	氯化橡胶	苯丙乳胶	过氯乙烯	外用聚氨酯
2	一级变色	一级变色	二级变色大泡	一级变色
7	二级变色中泡	二级变色大泡	二级变色大泡	二级变色
25	二级变色中泡		四级变色大泡	二级变色
35	三级变色			三级变色
60	三级变色			三级变色
90	三级变色有泡			三级变色

根据漆膜耐湿热测定法，表中有关变色、起泡等级的说明如下。

1. 油漆变色及破坏程度

一级：轻微变色。漆膜无起泡、生锈和脱落。

二级：明显变色。漆膜表面微泡面积小于50%，局部小泡面积在4%以下，中泡面积在1%以下，锈点直径在0.5mm以下，漆膜无脱落。

三级：严重变色。漆膜表面起微泡面积超过50%，小泡面积在5%以上，出现大泡锈点面积在2%以上，漆膜出现脱落。

2. 起泡等级

微泡：肉眼仅可看见者。

小泡：肉眼明显可见，直径在0.5mm以下。

中泡：直径为0.6~1mm。

大泡：直径为1.1mm以上。

（二）腻子的调配

要求腻子与混凝土表面黏结牢固，长年不脱落。腻子应干燥快，上面漆时不含潮。

针对上述要求，选用107胶与水泥、黄沙拌和以及用107胶与水泥调和作混凝土柱、梁、椽子、斗拱、撑拱、楼面外廊栏杆及其他混凝土构件的油漆腻子。经反复试验，优选出两种比较理想的腻子配方，解决了黄鹤楼大面积钢筋混凝土结构、构件表面油漆腻子问题。

腻子、油漆耐温差试验结果见表2-6。

表2-6 腻子、油漆耐温差试验结果

项　目	107胶调水泥涂刷环氧漆	107胶调水泥涂刷环氧漆	107胶加水调水泥涂刷环氧漆	107胶加水调水泥涂刷环氧漆
腻子厚度 / mm	2	1	1	0.5
附着力（划格法）	1级	1级	1级	1级
冲击 7.848N(80gf)	接触处破裂 不翘膜	接触处破裂 不翘膜	接触处 翘起	有脱落现象接触处 部分翘起

试验条件：样板放入（100±2）℃，干燥箱里烘烤1h，再放到-30℃以下的冰箱内0.5h，反复10次。

经试验，本工程实际采用腻子的配合比如下：

糙腻子：107胶加水泥：砂 =1:2。

细腻子：107胶加水泥。

以上为30年前黄鹤楼在钢筋混凝土结构完工后，进入装修阶段，使用的油漆和腻子调配方案。

30年后，再看看黄鹤楼室内梁、柱的油漆，照样是丰满亮泽，光彩照人，那些游人碰不到的地方，犹如新的一般。

室外屋檐下屋檐梁、斗拱、撑拱的油漆，受到30年风风雨雨的侵袭，表面光泽有所退去，但依旧丰润饱满，没有一条裂痕和翘皮的现象。

实践证明，这种涂料使用在黄鹤楼上，是相当成功的。

二、黄鹤楼维修油漆

黄鹤楼维修所用油漆为武汉双虎涂料有限公司生产的3320系列仿古涂料，即环氧树脂底漆和丙烯酸聚氨酯面漆。

（一）H01-08环氧树脂底漆（双组分）

该产品是一种双组分固化的透明环氧封闭底漆，对基材和施涂表面有良好的渗透性。适用于封闭洁净的混凝土表面。使用量为刚好浸透混凝土表面。

1. 物理参数

颜色：无色透明。

闪点：32℃。

体积固含：38%。

比重：0.97kg/L。

理论使用量：15.6m²/kg（以 25μm 干膜计）。

挥发性有机物含量：约 516g/L。

2. 施工条件

表面必须清洁干燥，相对湿度小于 80%，温度高于露点 3℃以上，以避免凝露。在狭窄的空间内施工和干燥期间必须通风。

混凝土必须完全固化，对于普通的硅酸盐水泥大约 28d，彻底干燥后表面湿度应在 4% 以下。

3. 施工参数

混合比：甲:乙 =17:3（重量比）。

混合：使用动力搅拌工具先将甲组份搅拌均匀后，按规定混合比加入乙组分，持续搅拌至充分混合均匀。

适用期：混合后在 23℃ 6h 内用完（随温度的升高而减少）。配好调匀后须先熟化 15min 再使用。

干燥时间：通风良好（室外或空气自然流通），膜厚以 25μm 计。

H01-08 环氧水泥封闭底漆（双组分）在惰性底材上的单层涂层时间见表 2-7。

表 2-7　在惰性底材上的单层涂层时间表

底材温度 /℃	5	10	23	40
表面干燥时间 /h	10	5	3	1
实际干燥时间 /h	96	48	24	12
完全固化天数 /d	20	12	7	3
最短覆涂时间 /h	96	48	24	12

（二）丙烯酸聚氨酯面漆（双组分）

这是一种双组分半光丙烯酸聚氨酯涂料，有优异的保光保色性，遮盖力好，很好的柔韧性能适应底材的自然收缩和膨胀。

1. 物理参数

颜色：各色。

闪点：27℃。

固体含量：约 48%。

比重：约 1.3kg/L。

理论涂布率：约 9.2m²/kg（以 40μm 干膜计）。

挥发性有机物含量：约 429g/L。

2. 施工条件

施工表面必须清洁干燥，相对湿度小于 80%，温度高于露点 3℃以上，以避免凝露。在狭窄的空间内施工和干燥期间必须通风。

3. 施工参数

混合比：甲:乙 =8:1（重量比）。

混合：使用动力搅拌工具先将甲组份搅拌均匀，后按规定混合比加入乙组分，持续搅拌直至充分混合均匀。

适用期：混合后在 23℃ 6h 内用完（随温度的升高而减少），配好调匀后须先熟化 15min 再使用。

丙烯酸聚氨酯面漆（双组分）在惰性底材上的单层涂层时间见表 2-8。

表 2-8　在惰性底材上的单层涂层时间表

底材温度 /℃	0	5	10	23	40
表面干燥时间 /h	18	14	9	2	1
实际干燥时间 /h	72	60	48	30	12
完全固化天数 /d	25	20	14	7	4
最短覆涂时间 /h	48	36	24	12	6

此次维修只对黄鹤楼外露破损和相关部分构件重做油漆。如：黄鹤楼五层屋面小屋面歇山外墙及四层屋面歇山外墙，各层屋面飞檐边及滴子下连檐，各层屋面椽子内、外椽头、椽身，各层屋面翼角梁木腹板及梁身，各层屋面阴角水沟下梁头及梁身，龙头以及各层钢制门窗，各层外走廊栏杆等。

4. 色调

椽子：艳绿，31 SHB05-5-40。

戗脊腹板、龙头、五层屋面歇山外墙外框及四层屋面歇山外墙、钢制门窗、外走廊栏杆：铁红，75 SHB05-2-25。

飞檐边、五层屋面歇山外墙内框：红，8 SHB05-2-10。

椽头万字、边框：黄，SHB05-3-20。

三、黄鹤楼维修油漆工程施工

1. 黄鹤楼钢筋混凝土结构、构件表面油漆施工

对于黄鹤楼五层屋面小屋面歇山外墙，四层屋面半歇山外墙，各层屋面滴子下连檐及飞檐边、椽子内外椽子头、椽身、龙头，各层屋面阴角下屋面梁，各层楼面外走廊栏杆及扶手等钢筋混凝土结构、构件表面，在做漆之前，将原先旧的油漆全部进行打磨，表面磨平，清理干净后刮腻子。

腻子用801建筑胶加水泥调和。水泥用425号或以上标号。该腻子不能掺水。

在混凝土结构、构件表面刮腻子，干燥后砂平。腻子要刮6~8遍，一定要使表面平整，修补的地方与原结构、构件表面没有差异。

油漆施工时，先做环氧树脂底漆，在混凝土表面做2遍。再做丙烯酸聚氨酯面漆，在混凝土表面做3遍。面漆施工时，注意油漆刷的接头缝放在阴角或不显眼的地方。

2. 椽头万字施工

30年前，黄鹤楼椽子头万字彩画是腻粉贴金。这次维修，考虑到当椽子油漆需要重做时，即使腻粉万字贴金尚能保存，维修时仍然要铲掉重做。因此，这次在对椽子头进行维修后，椽头彩画采用与椽身同质的涂料，仍然是黄色，其效果较好。具体做法如下：

为了保证椽头金色万字整齐一致，根据椽头标准尺寸，定做纸样模型。当椽身及椽头同样的绿色丙烯酸聚氨酯涂料做好后，让涂料干燥。再将纸样模型贴在椽头，将万字边框及万字抠掉，露出边框及万字阴模。注意，万字及边框阴模周边不能露缝。将椽头与椽身接触处遮盖，用喷枪往万字及边框阴模处喷涂丙烯酸聚氨酯黄色涂料。喷涂三遍，其厚度要盖过纸样模型。待黄色丙烯酸聚氨酯涂料凝固干燥后，取下纸模。到此，椽头万字彩画完成。椽身及椽子头彩画施工图见图2-171。

3. 戗脊梁腹板油漆施工

钢筋混凝土梁与木腹板之间缝隙封闭时，用生漆与膏灰（熟石膏）调成生漆膏灰腻子，将钢筋混凝土梁与木腹板之间的缝隙封闭，干燥后砂平，然后，将木腹板满刮生漆膏灰腻

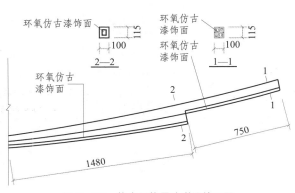

图2-171　椽身及椽子头彩画施工图

子，干燥后砂平。

用生漆将亚麻布粘贴在木腹板上。与钢筋混凝土梁交接处，亚麻布要覆盖混凝土梁的宽度不少于100mm。亚麻布与木腹板和混凝土面一定要抹平。

在亚麻布表面刮生漆膏灰腻子，腻子刮5遍。每刮一遍，干燥后砂平。

表面做环氧树脂底漆2遍，做丙烯酸聚氨酯面漆3遍。

4. 黄鹤楼外走廊钢制门窗油漆施工

黄鹤楼外走廊钢制门窗由于暴露在外，长期受风雨等气候影响，表面脱皮，部分门窗锈蚀。个别门窗铰链脱落，造成安全隐患。

对钢制门窗进行全面检查，修复铰链，锈蚀脱焊的门框重新焊接。进行除锈处理，砂掉旧的油漆，重做新的油漆。

钢制门窗除锈砂掉旧的油漆后，清理干净。做铁红环氧底漆1遍，该漆为防锈漆。刮原子灰腻子，砂平后做环氧封闭底漆1遍。再刮原子灰腻子，干燥后砂平，腻子刮3遍，干燥后砂平。做环氧树脂底漆2遍，面罩丙烯酸聚氨酯面漆。面漆喷涂，喷涂第1遍，干燥后再喷涂第2遍。面漆共做3遍。

述评：

油漆，是古典建筑施工中表面装饰最重要的环节。我国传统的古建油漆作，从材料配制，木基层处理，一麻五灰操作工艺，到披灰、做油等，有一整套非常严谨的操作程序。在中国古建筑修缮技术中，有详尽的介绍。

钢筋混凝土结构的仿古建筑表面做油漆，是一套全新的工艺。30年前，武汉制漆厂专为黄鹤楼研发配制的环氧树脂底漆、聚氨酯面漆，在当时同类产品中，各项性能是最优的。除此之外，其表面强度也是同类产品中最高的。适合于用在人流众多的旅游景点建筑上。相应的107胶与水泥调和的腻子，与混凝土表面附着牢固，与环氧树脂底漆和聚氨酯面漆结合紧密。时至今日，在室内，游客触碰不到的地方，表面无开裂、脱皮现象，色泽照样鲜艳。室外飞檐下梁、斗拱、撑拱，表面除光泽退去，也无开裂、脱皮现象。

成功的产品和施工工艺，在此次维修中得到了继承发展和应用。如：在钢筋混凝土表面，腻子和涂料继续使用30年前使用过的产品。针对梁木腹板易于破损，用生漆腻子封闭缝隙，用生漆粘贴亚麻布将木腹板和木腹板与混凝土接触处封闭，然后做漆。

至于椽头彩画，取消了原先的腻粉贴金做法，改用喷黄色丙烯酸聚氨酯涂料。现在看来效果不错，"万"字整齐一致。至于到底能耐多久，这就要由时间来检验了。

四、维修前黄鹤楼现状

维修前黄鹤楼现状见图 2-172～图 2-176。

图 2-172　维修前歇山外墙

图 2-173　维修前飞檐边、连檐及椽头

图 2-174　维修前屋面下椽子

图 2-175　维修前翼角梁下龙头

图 2-176　黄鹤楼门窗维修

五、维修后黄鹤楼外观

维修后黄鹤楼外观见图 2-177 ~ 图 2-185。

图 2-177　维修后歇山外墙

图 2-178　椽子头喷彩画

图 2-179　维修后飞檐边及连檐、椽头

图 2-180　维修后椽身

图 2-181　维修后翼角梁腹板

图 2-182　维修后翼角梁下龙头

图 2-183　黄鹤楼门窗做漆　　　图 2-184　黄鹤楼翼角及铜铃　　　图 2-185　展翅欲飞的黄鹤楼
（江煌摄）

第八节　屋面维修脚手架

此次维修要求公园对游客正常开放。在不影响游客进入黄鹤楼主楼参观的前提下，分层维修，即维修一层，就将该层封闭，禁止游客进入。对于维修脚手架的搭设，要求分层搭设悬挑脚手架。既能保证封闭层维修施工，又能让游客参观被封闭层的上下楼层。同时要将施工的噪音控制到最低，不让灰尘飞扬，影响游客。

一、底层地面脚手架的搭设

为了保证屋面坠落物不直接落下来，影响游客的安全，在离开一层屋面飞檐边 2m 处搭设脚手架，将一层屋面封闭。主楼东、西进出口搭设通道，一层地面外走廊空出，让游客进出方便。通道和走廊用塑料扣板进行封闭装饰，通道顶部吊顶装灯，使游客进入通道不至于感觉是进入一个大工地。

搭设一层脚手架（图 2-186、图 2-187），其目的是对一层屋面进行维修。工人既能维修屋面，又能维修椽子。脚手架面铺设竹跳板，将竹跳板两端用铁丝绑扎固定在钢管上，竹跳板面铺设 12mm 厚木胶合板，表面再铺设彩条布。外围栏杆外面挂塑料安全网，内面满挂钢板网，高度高于 2m。既要保证工人施工安全，又要确保屋面施工垃圾不坠落到地面。

图 2-186　黄鹤楼一层脚手架搭设（西入口）　　　　图 2-187　黄鹤楼一层屋面脚手架搭设（东入口）

二、上部脚手架的搭设

为了不影响游客的参观，此次维修的脚手架不能从下往上封闭搭设，只能是维修哪一层，就对那一层搭设悬挑脚手架。

这次维修的顺序是：一层搭设脚手架后，对一层屋面进行试验性拆除屋面琉璃瓦件，在试验性屋面琉璃瓦铺贴成功后，由上往下维修施工。

先维修施工五层屋面。悬挑脚手架能否搭设的前提是：脚手架外悬端部一定要用钢丝绳拉住，钢丝绳另一端的受力点要由上一层外围钢筋混凝土圆柱和大梁承担。五层屋面上部没有这个条件，因此，五层屋面悬挑脚手架一部分垂直承重脚手架钢管必须落在四层屋面钢筋混凝土大梁上。五层屋面脚手架仍然是独立的脚手架，与四层屋面脚手架没有联系。只是部分钢管落在四层屋面上。当五层屋面维修完毕，拆除五层脚手架，对四层屋面悬挑脚手架没有影响。

为了加快施工进度，在搭设好五层屋面脚手架后，也将四层屋面悬挑脚手架搭设完毕。在施工五层屋面时，同时安排工人拆除四层屋面琉璃瓦件，清理屋面，对屋面、飞檐、连檐、椽头进行维修，安装焊接屋面挂瓦钢筋的铁板，做屋面防水层。当五层屋面施工完毕，拆除五层屋面脚手架，抽掉落在四层屋面的受力钢管，补做钢管部分屋面防水，即可进行焊接挂瓦钢筋及铺贴琉璃瓦施工。

同时，将五层屋面拆除下来的钢管脚手架搬至三楼，搭设三层屋面悬挑脚手架。

拆除五层屋面脚手架后，对五层楼面进行清理，维修五层楼面钢制门窗，做五层楼面钢制门窗油漆及走廊栏杆油漆，拆卸走廊四面中间栏杆面扶手琉璃板，安装新扶手琉璃板。检查验收合格后，将五层楼面对游客开放。

当四层屋面琉璃瓦施工完毕，拆除四层屋面脚手架，将钢管脚手架搬至二层楼面，搭设二层屋面脚手架。

拆除四层屋面脚手架后，对四层楼面进行清理，维修四层楼面钢制门窗，做四层楼面钢制门窗油漆及走廊栏杆油漆。检查验收合格后，将四层楼面对游客开放。

以下各层都按此顺序施工。

三、悬挑钢管脚手架搭设

脚手架及施工活荷载重量落在黄鹤楼外围走廊面及外围钢筋混凝土圆柱上，脚手架的钢管不能落在屋面上面。

具体做法：在黄鹤楼楼面外走廊面靠近外围栏杆边，置放 200mm 宽槽钢，槽口朝上，沿走廊通长放置，根据计算确定承重竖直钢管数量，按间距 1200mm 布置第一排竖直承重钢管。钢管落在槽钢槽内，钢管下部垫 40mm 厚木板。槽钢与走廊面接触处垫羊毛毡，以免槽钢与走廊面地砖接触，破坏地砖表面光洁度。

离第一排竖直钢管 1200mm，在黄鹤楼楼面外走廊内侧布置第二排竖直钢管。钢管下部垫 40mm 厚木板，上部顶在上一层楼面梁底部，用木抄楔塞紧。横向水平钢管高度 1500mm 左右，与竖直钢管扣件连接。

出楼面外挑钢管以 60°角度向上悬挑，悬挑离飞檐边宽度要能使工人操作屋面盖瓦和维修椽子为宜。外悬斜向钢管与屋面飞檐边平行方向和垂直于飞檐边钢管都用斜向剪刀撑用扣件锁紧扣牢。

屋面翼角部位及脚手架外挑边缘，都用直径 14mm 钢丝绳拉住，受力点在黄鹤楼楼面外围走廊外钢筋混凝土圆柱上。圆柱周围用钢管固定，为了保护圆柱不被破坏，与圆柱接触的地方用羊毛毡和橡胶垫将钢管与柱面隔开。用收紧螺栓将每一根钢丝绳收紧，使其受力均匀。这样，外悬的脚手架变成了简支结构，大大地减轻了走廊内第二排竖直钢管对上一层楼面梁底的推力。

因翼角伸出屋面较远，故每个翼角都用四根钢丝绳拉住，确保翼角的稳定和整个屋面脚手架的稳定。

除一层楼脚手架是直接落地，五层屋面脚手架部分外围受力竖直钢管落在四层屋面钢筋混凝土梁上外，其余二、三、四层屋面脚手架是完全悬挑外加钢丝绳拉结的支撑方法，见图 2-188~图 2-197。

述评：

脚手架搭设如何，是是否能保证黄鹤楼维修施工正常进行的重要环节。特别是在对游客正常开放的情况下，既要保证施工人员的施工安全，又要保证没有施工垃圾坠落和灰尘洒落，确保游客安全游览。

第一层脚手架既要确保游客顺畅出入，

图 2-188　四、五层屋面脚手架

图 2-189　五层屋面悬挑脚手架

图 2-190　五层屋面带支撑脚手架（落在四层屋面）

图 2-191　一、四层脚手架（西入口）

图 2-192　二、三、四层屋面翼角悬挑脚手架及钢丝绳拉结

(a) 下部　　　　　　　　　　　　　　　　　(b) 上部

图 2-193　二、三、四层屋面悬挑脚手架（走廊部分）

图 2-194　二、三、四层屋面悬挑脚手架
（走廊和室外部分）

图 2-195　栏杆外悬挑部分

图 2-196　黄鹤楼三层屋面悬挑脚手架

图 2-197　黄鹤楼二层屋面悬挑脚手架

同时也不能让游客过度感觉是一个工地，也是留存时间最长的脚手架。因此，通道宽敞、顶和靠脚手架一侧进行封闭装饰、安装照明灯光是必不可少的。

以上各层脚手架悬挑搭设，是保证分层维修和游客分层游览的最佳方案。现场也不必堆放太多的钢管材料。由上往下施工，当二层施工完毕，脚手架拆除的搭设材料就可以在晚上运出施工现场。

在施工过程中，每天例行检查，随时加固，阻止游客进入施工工地，避免意外事故发生，这是在开放景区维修施工必不可少的安全手段。

第九节　黄鹤楼维修进程

2014 年 11 月，黄鹤楼维修施工队进场，开始试拆一层屋面北面破损瓦件。

2015 年 1 月 16 日，试盖一层屋面南面琉璃瓦。

2015 年 2 月 13 日，一层南面瓦盖完。

2015 年 3 月 23 日，盖五层屋面琉璃瓦。

2015 年 5 月 18 日，五层屋面琉璃瓦盖完，武昌区建管站验收五层屋面琉璃瓦施工。

2015 年 5 月 21 日，拆除五层屋面脚手架。

2015 年 5 月 22 日，盖四层屋面琉璃瓦。

2015 年 6 月 15 日，四层屋面琉璃瓦盖完，拆除四层屋面脚手架。

2015 年 6 月 22 日，盖三层屋面琉璃瓦。

2015 年 7 月 10 日，三层屋面琉璃瓦盖完；武昌区建管站验收三层屋面琉璃瓦施工。

2015 年 7 月 13 日，拆除三层屋面脚手架；盖二层屋面琉璃瓦。

2015 年 7 月 27 日，二层屋面琉璃瓦盖完，拆除二层屋面脚手架；对一层屋面损坏的瓦件进行维修。

2015 年 8 月 5 日，拆除一层脚手架。

2015 年 8 月 8 日，一层脚手架全部拆除完毕。黄鹤楼室外维修工程完工。

第三章　中国历史文化名楼

第一节　概述

中国历史文化名楼，是中国几千年悠久历史和灿烂文化的集中代表。

这些历史文化名楼，最初，有的是作为军事所用，有的是王公贵族饮宴享乐之处所。但都有一个共同的特点，就是建造在风景秀丽、地势险峻的名山大川之处。各楼均有各自的历史和特色。在历史的发展过程中，文人墨客登楼览胜，留下了众多的诗词歌赋等文学作品及各种美丽的传说。

千百年来，这些名楼之所以能保留下来并传承下去，除了她们自身的历史影响力外，还有人们对于她们所寄予的美好愿望。她们也是中华民族的一种精神支柱。人们向往社会安定祥和，也向往这些承载着厚重历史文化底蕴的名楼继续发扬光大，永葆青春。

20世纪80年代以来，国家对于具有深远影响的历史文化名楼进行了全面的修复和重建，使部分因年久失修而濒临破坏的历史名楼得以重生，重放光彩。使一部分已消失多年，但在人们心中留有深远印象的历史文化名楼经重建，再一次回到了现实中，而且比人们想象中更加雄伟壮观，极大地唤起了人们对中国历史文化的热爱和追逐。

对于这些历史文化名楼，我们除了修复她、建设她，还要对她们进行精心的维修和保护。对于传统的古典建筑，千百年来，正是由于有了人们对她们的精心维修和保护，才得以留存到现在。重建的仿古建筑所用的建筑材料，无论是屋面琉璃瓦件，还是彩画油漆，到了一定年限也会老化、脱皮、变色。用现代建筑材料钢筋混凝土建造主体结构，这些建筑材料到了一定的年限也会出现裂缝，导致钢筋锈蚀，继而破坏结构，影响建筑物的安全。

这些建筑材料有它的安全使用年限，到年限就得更换和维修。一方面是确保景区游客的安全；另一方面，通过维修，可以有效地延长名楼的使用寿命。

中国历史文化名楼的结构类型归为两类：一类为传统的古典建筑木结构；另一类为20世纪80年代及以后重建的仿古建筑，其结构类型基本是钢筋混凝土结构。

一、木结构类

这些保存下来的传统木结构古典建筑，让我们看到了我们的祖先在建筑上精湛的工艺和聪明才智。让我们亲眼目睹了这些传统的营造技术。正是有了这些保存完好的古典建筑，才使中国古典建筑得以传承并发扬光大。我们的祖先在建筑上完美地使用力学、美学并且实用，使建筑物能几百年甚至上千年保存下来，这是何等的伟大！

木结构在保存上最大的威胁就是火灾，其次是虫灾。社会动乱和战争破坏也会殃及这些木结构古典建筑的生存。

中国历史文化名楼中的黄鹤楼，就是 1884 年一把大火，将楼烧毁罄尽，仅存青铜宝顶。滕王阁于 1926 年毁于兵灾，被北洋军阀邓如琢部纵火烧毁。仅存一块"滕王阁"青石匾。其他名楼的毁损情况不一一赘述。

上述木结构中国历史文化名楼中，有的逃过了历史上各种灾乱，却逃不过虫灾的破坏。如岳阳楼，因为岳阳楼所处的地区雨水多，湿度大，树木密，为白蚁的生存和繁殖提供了条件，蚁害成为这座木楼的又一天敌。1983 年落架大修前，一楼的 12 根楠木大柱不是被白蚁蛀空，就是业已糟朽，整个梁柱结构完全不能承受重力，二楼的四根支角柱全部腐朽，可见白蚁对岳阳楼的危害之大。1984 年大修时对白蚁采取了有效的防治措施，但白蚁在楼的周围仍有危害。

如何保护好木结构的历史名楼，我们的祖先有非常成功的经验。例如天一阁的防火和通风设计，到现在都是很先进的。天一阁为藏书楼，在楼前凿"天一池"通附近的月湖，既可美化环境，又可蓄水以防火。藏书楼在南北两面开窗，空气对流，通风防潮，东西两山墙采用封火山墙，以免邻屋火患蔓延书阁。天一阁的建筑布局后来为其他藏书楼所效仿。

传统的木结构由于受建筑材料的限制，从体量上看较小。再则，当时周边环境较开阔，也无高大的房屋遮挡视线。所谓高百尺，也就十丈，就格外显得高大雄伟。表 3-1 中所列保存完好的历史文化名楼，就在这个高度范围之内。

二、钢筋混凝土类

20 世纪 80 年代及以后，我国历史文化名楼得到修复和重建。吸取了历史上古典木结构建筑的优点及不足，结合现代建筑的发展和新材料的使用，这些重建的历史文化名楼，都使用了新的建筑材料，在体量上也比以前的高大。

由于时代的变迁，沧海桑田，原先遗址离水较近，现在水已退去，也不成近水楼台了；有的重建时重选地址，为了视野开阔，在体量上也拔高建大。重建的历史文化名楼，基本上是钢筋混凝土结构。除天心阁按原样重建，主阁高14.6m外，其余高度都超过百尺。如黄鹤楼，总高度51m；滕王阁，总高度57.5m；鹳雀楼，总高度73.9m；阅江楼，总高度52m；越王楼，总高度99m；杭州城隍阁，总高度41.6m；泰州望海楼，总高度32m；温州望海楼，总高度35.4m。特别是历史上具有较高影响的黄鹤楼、滕王阁、鹳雀楼、越王楼，以及新建的阅江楼等，其高度都超过了50m。

这些高大雄伟的钢筋混凝土仿古建筑，主体结构所用材料为钢筋水泥。这种结构除了使建筑物能承受更大的重量，每次接待更多的游客，其最大的特点就是防火。

所谓仿古建筑，除了结构是用现代材料钢筋水泥外，其外装饰仍然是传统的古典建筑材料，如屋面琉璃瓦、室内天花彩画、木制雕屏等。但代表古典建筑的斗拱、雀替、撑拱等，则不起传统的木结构古典建筑的承重支撑作用，纯粹是装饰了。在钢筋混凝土表面做油漆，也不是传统的生熟漆，而是使用的现代化学涂料，其效果超过了传统的油漆。

这些仿古建筑历史文化名楼的问世，为我国传统古典建筑的继承和发展开辟了一条新的道路，也逐渐被人们所接受。

钢筋混凝土结构的仿古建筑建成以后，所用的装饰材料和结构本身，在受到气候的影响和外界的接触中，都会发生老化和损坏，都要进行及时的维修和保护。例如，仿古建筑屋面固定琉璃瓦的钢筋会锈蚀，琉璃瓦在经历30年或更长时间后会老化、开裂、脱皮。在这些游人如织的名胜景点，安全是第一的，一当出现这种情况，就要及时更换。钢筋混凝土结构表面，如果出现裂缝，水侵蚀钢筋，使钢筋锈蚀膨胀，就会影响到结构的安全。

如何对钢筋混凝土结构的仿古建筑中国历史文化名楼进行维修与保护，这个问题就提到议事日程上来了。

黄鹤楼是较早使用钢筋混凝土结构的仿古中国历史文化名楼，其深远的影响和良好的评价远远超过了当初人们的预期。30年来，由于琉璃瓦的老化、开裂、脱皮，以及固定屋面琉璃瓦件的钢筋锈蚀，社会各界高度重视，经各级专家共同研究，黄鹤楼在不关闭主楼、保证游客正常参观的前提下，进行了一次全面维修。黄鹤楼屋面、宝顶、外廊、门窗、楼梯踏步等焕然一新，以崭新的面貌迎接八方游客。

黄鹤楼重建30年后维修及保护的经验，望能在其他仿古建筑以后的维修和保护中引以借鉴。

现将有关中国历史文化名楼修复及重建情况、结构类型作一简要介绍，见表3-1。

表3-1 中国历史文化名楼列表

名 称	地 址	始建时间	重建时间（近期）	结构类型	维修时间（近期）	备 注
岳阳楼	湖南岳阳	215年	1880年	木	1984年大修竣工	1988年被公布为全国重点文物保护单位
黄鹤楼	湖北武汉	223年	1981年动工兴建，1985年竣工	钢筋混凝土	2015年大修竣工	
滕王阁	江西南昌	653年	1985年动工兴建，1989年竣工	钢筋混凝土		
蓬莱阁	山东蓬莱	1061年		木	1984年大修竣工	1982年被公布为全国重点文物保护单位
鹳雀楼	山西永济	557—571年	1997年动工兴建，2002年竣工	钢筋混凝土		
大观楼	云南昆明	1690年	1883年	木	1998年全面维修	2013年被公布为全国重点文物保护单位
阅江楼	江苏南京		1997年批准建设，2001年竣工	钢筋混凝土		
天心阁	湖南长沙	始建明代	1983年动工兴建，1984年竣工	钢筋混凝土		2013年天心阁古城墙被公布为全国重点文物保护单位
钟楼	陕西西安	1384年	1582年	木		1996年被公布为全国重点文物保护单位
鼓楼	陕西西安	1380年		木		1996年被公布为全国重点文物保护单位
天一阁	浙江宁波	1560年	1933年	木		1982年被公布为全国重点文物保护单位；2007年被公布为全国重点古籍保护单位
城隍阁	浙江杭州	始建南宋；明1412年建庙祭祀周新；后庙拆	1998年动工兴建，2000年竣工	钢筋混凝土		

续表

名　称	地　址	始建时间	重建时间（近期）	结构类型	维修时间（近期）	备　注
泰州望海楼	江苏泰州	1229 年	2006 年动工兴建，2007 年竣工	钢筋混凝土		
温州望海楼	浙江温州洞头县	426 年	2005 年动工兴建，2007 年竣工	钢筋混凝土		
光岳楼	山东聊城	1374 年		木	1985 年大修	1988 年被公布为全国重点文物保护单位
太白楼	山东济宁	始建唐代	1952 年	砖木	2011 年大修	
越王楼	四川绵阳	656—661 年	2001 年动工兴建，2011 年竣工	钢筋混凝土		

第二节　岳阳楼

岳阳楼始建于 215 年，距今已有 1800 多年历史。

三国时，东吴大将鲁肃奉命镇守巴丘，操练水军，在洞庭湖接长江的险要地段建筑了巴丘古城。东汉建安二十年（215 年），鲁肃因城为楼，修筑了用以训练和检阅水军的阅军楼。阅军楼楼高数丈，临岸而立。这座阅军楼就是岳阳楼的前身。西晋南北朝时称"巴陵城楼"。中唐李白赋诗"拂拭倚天剑，西望岳阳楼"之后，始称"岳阳楼"。此时的巴陵城已改为岳阳城，巴陵城楼也随之称为岳阳楼了。

岳阳楼曾经屡次被毁，有史可查的就达 67 次之多。仅宋代就曾重建过 7 次，影响最大的是滕子京的重修。

北宋庆历四年（1044 年）春，滕子京受谪，任岳州知州。北宋庆历五年（1045 年）春，滕子京重修岳阳楼。北宋范仲淹脍炙人口的《岳阳楼记》使之著称于世。

清光绪六年（1880 年），岳州知府张德容重建岳阳楼，将楼址东移六丈多。

在民国的 38 年中，对岳阳楼修葺了两次。

1983 年，国务院拨专款对岳阳楼落架大修，把构件按原件复制更新，历时 10 个月，保存了 55% 以上构件原物。一楼民国时加砌的三面砖墙换为明清式样的贴金雕花门窗。二楼镶嵌有清书法家张照书《岳阳楼记》雕屏原物。三楼镶嵌毛泽东书杜甫《登岳阳楼》诗雕屏。1984 年 5 月 1 日，岳阳楼大修竣工并对外开放。

岳阳楼构造古朴独特，岳阳楼台基以花岗岩围砌而成，台基宽度 17.24m，进深 14.54m，高度为 0.65m。岳阳楼高度 19.42m，占地面积 251m²。在建筑风格上，前人将其归纳为"木制、三层、四柱、飞檐、斗拱、盔顶"。岳阳楼是纯木结构，整座建筑没用一钉一铆，仅靠木制构件的卯榫彼此连接。

由于受建筑材料和建筑环境的影响，我们今天看到的岳阳楼只有三层，但在古代却是一个高层建筑。楼的三层檐角都是高高向外飞出，线条流畅，造型优美。而且它三层檐角的装饰物也各有不同，第一层是凤，第二层是龙，第三层是祥云，意为龙凤呈祥，体现出古代建筑的吉祥寓意。

岳阳楼建于岳阳的西城门之上，它主要靠楼内四根直径为 500mm 的楠木金柱承重。"四柱"指的是岳阳楼的基本构架，被称为"通天柱"，从一楼直抵三楼。除四根通天柱外，其余的柱子都是四的倍数。其中廊柱是 12 根，檐柱是 32 根。这些木柱彼此牵制，结为整体，既增加了楼的美感，又使整个建筑更加坚固。

斗拱是古典建筑中特有的结构，由于古典建筑中房檐挑出很长，斗拱的基本功能就是对挑出的屋檐进行承托。岳阳楼的斗拱结构复杂，工艺精美。斗拱承托的就是岳阳楼的飞檐，岳阳楼三层建筑均有飞檐。

岳阳楼的楼顶为"如意斗拱"托举的盔顶式，这种古代将军头盔式的顶式结构在古代建筑史上是独一无二的。

岳阳楼采用纯木结构，其露明的木梁柱造型，优美的构件、装修线条，显示出中国古建筑独特的民族风格（图 3-1）。

图 3-1 岳阳楼

（岳阳楼相关文字及图片由岳阳楼公园管理部门提供，作者整理）

1988 年岳阳楼被公布为全国重点文物保护单位。

2011 年 9 月，全国旅游景区质量等级评定委员会正式批准岳阳楼—君山岛景区为国家 AAAAA 级旅游景区。

岳阳楼记

宋　范仲淹

庆历四年春，滕子京谪守巴陵郡。越明年，政通人和，百废俱兴，乃重修岳阳楼，增其旧制，刻唐贤今人诗赋于其上。属予作文以记之。

予观夫巴陵胜状，在洞庭一湖。衔远山，吞长江，浩浩汤汤，横无际涯；朝晖夕阴，气象万千。此则岳阳楼之大观也，前人之述备矣。然则北通巫峡，南极潇湘，迁客骚人，多会于此，览物之情，得无异乎？

若夫淫雨霏霏，连月不开，阴风怒号，浊浪排空；日星隐曜，山岳潜形；商旅不行，樯倾楫摧；薄暮冥冥，虎啸猿啼。登斯楼也，则有去国怀乡，忧谗畏讥，满目萧然，感极而悲者矣。

至若春和景明，波澜不惊，上下天光，一碧万顷；沙鸥翔集，锦鳞游泳；岸芷汀兰，郁郁青青。而或长烟一空，皓月千里，浮光跃金，静影沉璧，渔歌互答，此乐何极！登斯楼也，则有心旷神怡，宠辱偕忘，把酒临风，其喜洋洋者矣。

嗟夫！予尝求古仁人之心，或异二者之为，何哉？不以物喜，不以己悲；居庙堂之高，则忧其民；处江湖之远，则忧其君。是进亦忧，退亦忧。然则何时而乐耶？其必曰"先天下之忧而忧，后天下之乐而乐"欤！噫！微斯人，吾谁与归？

时六年九月十五日。

第三节　滕王阁

滕王阁位于江西省南昌市西北沿江路赣江东岸，抚河与赣江的交汇处。依城临江。

滕王阁始建于唐永徽四年（653 年），为唐高祖李渊之二十二子李元婴任洪州都督时所建。因李元婴在唐贞观十三年(639 年)曾被封为滕王，故阁以"滕王"一名冠之。唐阁高 18.66m，长 28.612m，宽 26.612m，附有楼台亭榭等建筑，楼层高峻，体量宏大，气势雄伟。

宋大观二年（1108 年）。重修滕王阁，高 11.6m，长 49m，宽 22.1184m，碧瓦丹柱，斗拱层叠，飞檐翘角，南北两侧还建有"压江""挹翠"两个辅亭，装饰华丽为历代古阁之最。现代滕王阁，在建筑形式和风格上，都借鉴了宋阁。

元代滕王阁建于元（后）至元二年（1336 年），修建后的元阁，高 13.5m，宽 27m，压江而建。斗拱雄伟健硕，线条刚劲有力。元人虞集在《重建滕王阁记》中赞美该阁"材石坚致，位置周密，丹刻华丽"。

明代滕王阁建于明嘉靖五年（1526 年），都御史陈洪谟主持重修。修建后的明阁，高 13m，长 23m，宽 13m，两歇山之间夹一盝顶，阁后还建有文天祥、谢枋得两座公祠，极富江南建筑风格。

清代滕王阁高度、体量、装修均逊于前代，建筑尺寸已难考其详，其间修建达 13 次之多，有着浓郁的江西地方特色。

1300 多年来，滕王阁历经兴废 28 次。1926 年毁于兵灾，被北洋军阀邓如琢部纵火烧毁。仅存一块"滕王阁"青石匾。

现今滕王阁是第 29 次重建，于 1983 年重阳节在新洲奠基，1985 年重阳节在今阁址正式破土动工，1989 年 10 月 8 日重阳节主阁落成开放。

此次重建的滕王阁距东侧唐代阁址仅百余 m，离南端清代阁址约 300m。重建之阁，仿古而不泥古，现在的滕王阁是仿宋的建筑风格。宋代的楼阁建筑风格极窈窕多姿，建筑艺术造型达到极高成就。1942 年，古建大师梁思成偕其弟子莫宗江根据"天籁阁"旧藏宋画绘制了八幅《重建滕王阁计划草图》。建筑师们以此作为依据，并参照宋代李明仲的《营造法式》，设计了这座仿宋式的雄伟楼阁。

滕王阁主体净高 57.5m，建筑面积 13000m²，下部是象征古城墙的 12m 高台座，滕王阁东西宽 80m，南北长 140m。台座两边有两座辅亭，分别为"压江"亭和"挹翠"亭，与主体建筑形成了一个"山"字。属钢筋混凝土结构。绿色琉璃瓦，两部钢筋混凝土楼梯，两部电梯。

这座四重檐、歇山式大屋顶的主体建筑，坐西朝东，南北对称，耸立于高台之上。全阁共 9 层，高台以下为两层地下室，以上为"明三暗七"，即三层明层（主层）、三层暗层（次层）及最高层（设备层）。所有明层均有平坐挑出，形成绕阁回廊。

滕王阁之所以享有巨大名声，很大程度上归功于一篇脍炙人口的散文《滕王阁序》。传说当时诗人王勃探亲路过南昌，正赶上阎都督重修滕王阁后，在阁上大宴宾客，王勃当场一气呵成，写下这篇千古名篇《秋日登洪府滕王阁饯别序》（即《滕王阁序》）。从此，序因阁而闻名，阁以序而著称（图 3-2、图 3-3）。

图3-2 宋画《滕王阁图》（摘自刘敦桢《中国古代建筑史》）

图3-3 滕王阁（滕王阁相关文字及图片由滕王阁公园管理部门提供，作者整理）

秋日登洪府滕王阁饯别序

唐 王勃

　　南昌故郡，洪都新府。星分翼轸，地接衡庐。襟三江而带五湖，控蛮荆而引瓯越。物华天宝，龙光射牛斗之墟；人杰地灵，徐孺下陈蕃之榻。雄州雾列，俊采星驰，台隍枕夷夏之交，宾主尽东南之美。都督阎公之雅望，棨戟遥临；宇文新州之懿范，襜帷暂驻。十旬休假，胜友如云；千里逢迎，高朋满座。腾蛟起凤，孟学士之词宗；紫电青霜，王将军之武库。家君作宰，路出名区；童子何知，躬逢胜饯。

　　时维九月，序属三秋。潦水尽而寒潭清，烟光凝而暮山紫。俨骖騑于上路，访风景于崇阿。临帝子之长洲，得仙人之旧馆。层峦耸翠，上出重霄；飞阁流丹，下临无地。鹤汀凫渚，穷岛屿之萦回；桂殿兰宫，列冈峦之体势。披绣闼，俯雕甍，山原旷其盈视，川泽纡其骇瞩。闾阎扑地，钟鸣鼎食之家；舸舰弥津，青雀黄龙之轴。虹销雨霁，彩彻云衢。落霞与孤鹜齐飞，秋水共长天一色。渔舟唱晚，响穷彭蠡之滨；雁阵惊寒，声断衡阳之浦。

　　遥吟俯唱，逸兴遄飞。爽籁发而清风生，纤歌凝而白云遏。睢园绿竹，气凌彭泽之樽；邺水朱华，光照临川之笔。四美具，二难并。穷睇眄于中天，极娱游于暇日。

　　天高地迥，觉宇宙之无穷；兴尽悲来，识盈虚之有数。望长安于日下，指吴会于云间。地势极而南溟深，天柱高而北辰远。关山难越，谁悲失路之人？

萍水相逢，尽是他乡之客。怀帝阍而不见，奉宣室以何年？

　　呜呼！时运不齐，命途多舛。冯唐易老，李广难封。屈贾谊于长沙，非无圣主；窜梁鸿于海曲，岂乏明时。所赖君子安贫，达人知命。老当益壮，宁知白首之心？穷且益坚，不坠青云之志。酌贪泉而觉爽，处涸辙以犹欢。北海虽赊，扶摇可接；东隅已逝，桑榆非晚。孟尝高洁，空怀报国之心；阮籍猖狂，岂效穷途之哭！

　　勃，三尺微命，一介书生。无路请缨，等终军之弱冠；有怀投笔，慕宗悫之长风。舍簪笏于百龄，奉晨昏于万里。非谢家之宝树，接孟氏之芳邻。他日趋庭，叨陪鲤对；今晨捧袂，喜托龙门。杨意不逢，抚凌云而自惜；钟期既遇，奏流水以何惭？

　　呜呼！胜地不常，盛筵难再。兰亭已矣，梓泽丘墟。临别赠言，幸承恩于伟饯；登高作赋，是所望于群公。敢竭鄙诚，恭疏短引。一言均赋，四韵俱成。

滕王阁

唐　王勃

滕王高阁临江渚，佩玉鸣鸾罢歌舞。

画栋朝飞南浦云，珠帘暮卷西山雨。

闲云潭影日悠悠，物换星移几度秋。

阁中帝子今何在？槛外长江空自流。

第四节　蓬莱阁

　　蓬莱阁在山东省蓬莱市区西北的丹崖山上，面积 $32800m^2$。

　　蓬莱阁的主体建筑建于宋朝嘉祐六年（1061 年）。

　　时朱处约任登州郡守，当地风调雨顺，五谷丰登。乃于丹崖极顶建起蓬莱阁，目的是"将为州人游览之所"。阁下面临大海，建筑凌空，海雾四季飘绕，素有仙境之称，是观赏"海市蜃楼"奇异景观的最佳处所。

　　蓬莱阁为二层楼阁式木结构建筑，东西厢房，东西配殿。阁楼高 15m，坐北朝南，重檐八角，歇山屋顶（图 3-4）。阁上四周环以明廊，可供游人登临远眺。

　　历代毁损、重建、维修情况：

　　明永乐十四年（1416 年），都督卫青修葺蓬莱阁。

图 3-4　蓬莱阁（蓬莱阁相关文字及图片由蓬莱阁管理部门提供，作者整理）

明洪熙元年（1425 年），修葺蓬莱阁。

明成化七年（1471 年），永安侯徐安修葺蓬莱阁。

明万历十五年至十七年（1587—1589 年），宋应昌修葺蓬莱阁。

明崇祯四年至六年（1631—1633 年），孔有德发动"登州事变"，蓬莱阁损毁严重。

明崇祯九年（1636 年），太守陈钟盛倡修蓬莱阁。

清嘉庆二十四年（1819 年），登州总兵刘清修葺蓬莱阁。

清同治四年至六年（1865—1867 年），知府豫山修缮蓬莱阁。

保留至今的历史名楼离今最近的建造年代：清嘉庆二十四年（1819 年）。

1982 年蓬莱阁被公布为国家重点文物保护单位。

蓬莱阁自古为名人学士雅集之地，阁内各亭、殿、廊、墙之间，楹联、碑文、石表、断碣、琳琅满目，比比皆是。翰墨流芳，为仙阁增色不少。

蓬莱阁前常出现"海市蜃楼"奇观，苏东坡在《海市》中写道："东方云海空覆空，群仙出没空明中。荡摇浮世生万象，岂有贝雀藏珠宫"。

明袁可立在《甲子仲夏登署中楼观海市》中云："纷然成形者，或如盖，如旗，如浮屠，如人偶语，春树万家，参差远迩，桥梁洲渚，断续联络，时分时合，乍现乍隐，真有画工之所不能穷其巧者"。

这些正是"海市蜃楼"奇景的生动写照。

蓬莱阁记

宋 朱处约

世传蓬莱、方丈、瀛洲,在海之中,皆神仙所居,人莫能及其处。其言恍惚诡异,多出方士之说,难于取信。而登州所居之邑曰蓬莱,岂非秦汉之君东游以追其迹,意神仙果可求也?蓬莱不得见,而空名其邑曰蓬莱?使后传以为惑。

据方士三山之说,大抵草木鸟兽神怪之名,又言仙者宫室伟大、气序和平之状,餐其草木,则可以长生不死。长往之士,莫不欲到其境而脱于无何有之乡。际海而望,注想物外,不惑其说者有矣。

嘉祐辛丑,治邦逾年,而岁事不愆,风雨时若,春蓄秋获,五谷登成,民皆安堵。因思海德润泽为大,而神之有祠俾,遂新其庙,即其旧以构此阁,将为州人游览之所。层崖千仞,重溟万里,浮波涌金,扶桑日出。霁河横银,阴灵生月,烟浮雾横,碧山远列。汐浑潮落,白鹭交舞,游鱼浮上,钓歌和应。仰而望之,身企鹏翔;俯而瞰之,足蹑鳌背。听览之间,恍不知神仙之蓬莱也,乃人世之蓬莱也。上德远被,恩涵如春,恍若致俗于仁寿之域,此治世之蓬莱也。后因名其阁曰蓬莱,盖志一时之事,意不知神仙之蓬莱也。

第五节 鹳雀楼

鹳雀楼兴建于北周时期,大约在557—571年之间。

北周都城在长安,大冢宰宇文护掌管朝政。在河外一带,北周占据着蒲州(今山西永济市)。自平阳(今山西临汾市)以东,均为北齐的属地。宇文护为了镇守河外之地蒲州不失,在蒲州城西门外筑起高楼以作军事瞭望之用。该楼为最初的鹳雀楼。

鹳雀楼,又名鹳鹊楼,因时有鹳雀栖其上而得名。

《蒲州府志》记载:鹳雀楼旧在城西河洲渚上,周(557—571年)宇文护造。唐·李瀚《河中鹳雀楼集序》云:宇文护镇河外之地,筑为层楼,退标碧空,影倒河流,二百余载,独立乎中州,以其佳气在下,代为胜概。

古代的鹳雀楼,建筑形制具有我国北方高层木构楼阁的风韵。据方志附图看,东靠蒲州故城,面向滚滚黄河,外观雄伟高大,气势磅礴。楼为三层四檐,平面呈方形。重檐十字歇山顶,矗立在一个高大的石砌台基上,四周设宽敞的月台。楼身为木构楼阁式,各层周以围廊,明间隔扇,层层斗拱承托着梁架和屋檐,斗拱翻飞,翼角申挑。二、三层周设钩栏,形成绕楼回廊,游人可凭栏远眺。

金元光元年（1222年）金与元展开城池争夺，金将侯小叔"夜半攻城以登，焚楼、橹，火照城中"。从此，无限辉煌的鹳雀楼毁于战火，仅存故址。

旧志云：明初时，故址尚可按，后尽泯灭，或欲存其迹，以西城楼寄名曰鹳雀。

由于黄河改道，新建的鹳雀楼由原址往西迁二公里新址重建，以《蒲州府志》鹳雀楼为样本，由原三层木结构改为三层四檐钢筋混凝土结构。

鹳雀楼底层占地面积10580m²，建筑面积8222.22m²，结构高度68.3m，建筑高度73.9m（包括航空指示灯及顶部避雷铜针）一层室内标高±0.00为黄海高程57.4m，基座为±0.00下-16.5m。

该楼外观四檐三层，内有六层（不含地下台基三层）一层室内地面至二层楼面高度为7.84m，二层室内地面至三层楼面高度为7.84m，三层室内地面至四层楼面高度为6m，四层室内地面至五层楼面高度为9.6m，五层室内地面至六层楼面高度为6m，六层室内地面至歇山楼面高度为8.18m，歇山室内地面至结构顶高度为6.34m，结构顶室内地面至宝顶高度为5.6m。

大厅内两侧各有现浇钢筋混凝土楼梯一部，东面楼梯口设有电梯两部。黄色和绿色琉璃瓦。钢筋混凝土结构构件表面做环氧树脂底漆、丙烯酸聚氨酯面漆。

久已消失的鹳雀楼，于1997年12月开始重建，至2002年9月26日建成。以其绰约伟岸的风姿，再次矗立于黄河之滨（图3-5）。

鹳雀楼楼体壮观，结构奇巧，加之周围风景秀丽，一直是历代名流显宦、文人雅士登高望远，观瞻黄河，吟咏酬唱，流连忘返之去处，并留下了无数脍炙人口的名篇。唐代著名诗人王之涣的《登鹳雀楼》可谓千古绝唱，至今尤为妇孺盛传。其朴实的诗句，深刻的哲理，雄浑的所象，壮阔的氛围，永远为世代人们所喜爱的吟唱佳句。

登鹳雀楼

唐　王之涣

白日依山尽，黄河入海流；
欲穷千里目，更上一层楼。

图 3-5 鹳雀楼
（鹳雀楼相关文字及图片由鹳雀楼公园管理部门提供，作者整理）

第六节 大观楼

　　大观楼，位于云南省昆明市老城区西南，西山区大观路 284 号，地处滇池北面草海之滨，与苍翠起伏的太华山峰隔水相望，故称"近华浦"。

　　康熙二十九年（1690 年），云南巡抚王继文、石文晟，布政使佟国襄等人见近华浦自然景色优美，视野开阔，"远浦遥岑，风帆烟树，擅湖山之胜。"于是大兴土木，挖池筑堤，种花植柳，相继建涌月亭、澄碧堂、观稼堂、大观楼等亭台楼阁，修筑沿湖港湾和湖中岛屿，以后逐渐形成浴兰渚、唤渡矶、涤虑湾、问津港、送客岛、适意川等景点，近华浦成为昆明的湖山游览胜地。

　　大观楼为二层木结构建筑。清道光八年（1828 年），云南按察使翟觐观将大观楼由原来二层重修为三层。清咸丰七年（1857 年）大观楼毁于兵燹。

　　清同治三年至五年（1864—1866 年），云南提督马如龙主持重建大观楼，并增其旧制，扩其工程，历时两年。

　　清光绪九年（1883 年），因近华浦为大水所淹，两廊皆圮，楼亦倾斜，云贵总督岑毓英主持重新修建。

　　民国 8 年（1919 年）云南督军唐继尧修茸大观楼及公园券拱牌坊式大门。

民国 19 年（1930 年），时任昆明市长庾恩锡主持修葺近华浦。

1998 年为迎接 99 昆明世界园艺博览会，大观楼全面整治修建。2008 年经过严格考证，进行了油饰彩绘翻新。

保留至今的大观楼为云南提督马如龙主持，于清同治三年至五年（1864—1866 年）重建，距今 150 年。

2013 年 5 月大观楼被列为国家级重点文物保护单位。

大观楼为单体木结构楼阁式建筑。坐北向南，立于占地 402m² 的两级石台基之上。楼阁本体平面为长方形，面阔 17m，进深 10m，占地 170m²。楼高三层 18m，三重檐四角攒尖顶。除一楼墙体外，均为木结构（图 3-6）。

屋面盖黄色琉璃瓦，传统彩画，木构架传统地仗大漆罩面，无电梯。

大观楼自建成之日起，均对游客开放。

大观楼建成以来 300 多年间，积累了众多的诗词楹联，具有浓郁的文化色彩。其中乾隆年间昆明名士孙冉翁所撰 180 字长联状景怀古，情景交融，文采飞扬，其艺术手法对后来全国各地长联创作产生了很大影响，被誉为"古今第一长联"。毛泽东称其为"从古未有，别创一格"。

图 3-6　大观楼（大观楼相关文字及图片由大观楼管理部门提供，作者整理）

2013 年大观楼被公布为全国重点文物保护单位。

清朝乾隆年间昆明名士孙髯翁 180 字长联，全联如下：

五百里滇池奔来眼底，披襟岸帻，喜茫茫空阔无边。看：东骧神骏，西翥灵仪，北走蜿蜒，南翔缟素。高人韵士何妨选胜登临。趁蟹屿螺洲，梳裹就风鬟雾鬓；更苹天苇地，点缀些翠羽丹霞，莫孤负：四围香稻，万顷晴沙，九夏芙蓉，三春杨柳。

数千年往事注到心头，把酒凌虚，叹滚滚英雄谁在？想：汉习楼船，唐标铁柱，宋挥玉斧，元跨革囊。伟烈丰功费尽移山心力。尽珠帘画栋，卷不及暮雨朝云；便断碣残碑，都付与苍烟落照。只赢得：几杵疏钟，半江渔火，两行秋雁，一枕清霜。

第七节　阅江楼

　　阅江楼历史渊源流长。1360 年，朱元璋在卢龙山指挥 8 万伏兵大败劲敌陈友谅 40 万人马，为其建立大明王朝、定都南京奠定了基础。朱元璋称帝后，于 1374 年再次登临卢龙山，感慨万端，意欲在山上建一座高耸入云的楼阁，以登高望远，威震四方。于是他亲自撰写了《阅江楼记》，并将卢龙山改名为狮子山，又令众文臣每人都要撰写一篇《阅江楼记》，其中大学士宋濂所写至为上乘，与朱元璋的《阅江楼记》一道流传于世。朱元璋在《阅江楼记》中阐述了建楼的缘由、功能、式样等。阅江楼依据朱元璋的设想动工建设，打下了地基。但迫于当时的经济力量，加上连年战争等种种原因终未建成。直至 20 世纪末复建"阅江楼"的动议，得到社会各界的响应。1997 年南京市政府正式批准建造阅江楼，2001 年 9 月阅江楼竣工。从此结束了六百余年"有记无楼"的历史。

　　狮子山位于南京市鼓楼区下关，海拔 78.4m，周长 2.0km，占地 14hm^2，濒临长江。阅江楼屹立于狮子山巅，高 52m，总建筑面积 5000 余 m^2，外四层暗三层，共 7 层，碧瓦朱楹，为典型的明代皇家建筑风格。阅江楼平面呈 L 形，主翼朝北，次翼面西，形成独特的"犄角"造型，两翼均可观赏长江风光。登上阅江楼，浩瀚的大江风光一览无余，金陵美景尽收眼底。

　　新建的阅江楼没有使用传统的木结构，而是和国内之前的大多复建名楼的古建筑一样，采用现代的钢筋混凝土结构来代替，以保证建筑的稳固与日常维护（图 3-7）。

图3-7 阅江楼（阅江楼相关文字及图片由阅江楼公园管理部门提供，作者整理）

阅江楼记
明 朱元璋

朕闻三皇五帝下及唐宋，皆华夏之君，建都中土。《诗》云："邦畿千里"，然甸服五百里外，要荒不治，何小小哉。古诗云："圣人居中国而治四夷"，又何大哉。询于儒者，考乎其书，非要荒之不治，实分茅胙土，诸侯以主之，天王以纲维之。然秦汉以下不同于古者何？盖诸侯之国以拒周，始有却列土分茅之胙，擅称三十六郡，可见后人变古人之制如是也。若以此观之，岂独如是而已乎？且如帝尧之居平阳，人杰地灵，尧大哉圣人，考终之后，舜都蒲坂，禹迁安邑。自禹之后，凡新兴之君，各因事而制宜，察形势以居之，故有伊洛陕右之京，虽所在之不同，亦不出乎中原，乃时君生长之乡，事成于彼，就而都焉，故所以美称中原者为此也。孰不知四方之形势，有齐中原者，有过中原者，何乃不京而不都？盖天地生人而未至，亦气运循环而未周故耳。近自有元失驭，华夷弗宁，英雄者兴亡叠叠，终未一定，民命伤而日少，田园荒废而日多。观其时势，孰不寒心？朕居扰攘之间，遂入行伍，为人调用者三年。俄而匹马单戈，日行百里，有兵三千，效顺于我。于是乎帅而南征，来栖江左，抚民安业，秣马厉兵，以观时变，又有年矣。凡首乱及正统者，咸无所成，朕方乃经营于金陵，登高临下，俯仰盘桓，议择为都。民心既定，发兵四征。不五年间，偃兵息民，中原一统，夷狄半宁。是命外守四夷，内固城隍，新垒具兴，低昂依山而傍水，环绕半百里，军民居焉。非古之金陵，亦非六朝之建业，然居是方，而名安得而异乎？不过洪造之鼎新耳，实不异也。然宫城去大城西北将二十里，抵江干曰龙湾。有山蜿蜒如龙，连络如接翅飞鸿，号曰卢龙，趋江而饮水，末伏于平沙。一峰突兀，凌烟霞而侵汉表，远观近视实体狻猊之状，故赐名曰狮子山。既名之后，城因山之北半，壮矣哉。若天霁登峰，使神驰四极，无所不览，金陵故迹，一目盈怀，无有掩者。俄而复顾其东，玄湖钟阜，倒影澄苍，岩谷云生而霭水，市烟薄雾而蓊郁，人声上彻乎九天。登斯之山，东南有此之景。俯视其下，则华夷舸舰泊者樯林，上下者如织梭之迷江。远浦沙汀，乐襄翁之独钓。平望淮山，千岩万壑，群嵝如万骑驰奔青天之外。极目之际，虽一叶帆舟，不能有蔽。江郊草木，四时之景，无不缤纷，以其地势中和之故也。备观其景，岂不有御也欤？朕思京师军民辐辏，城无暇地，朕之所行，精兵铁骑，动止万千，巡城视险，临道妨民，必得有所屯聚，方为公私利便。今以斯山言之，空其首而荒其地，诚可惜哉。况斯山也，有警则登之，察奸料敌，无所不至。昔伪汉友谅者来寇，朕以黄旌居山之左，赤帜居山之右，谓吾伏兵曰：赤帜摇而敌攻，黄旌动而伏起。当是时，吾精兵三万人于石灰山之阳，至期而举旌帜，军如我约，一鼓而前驱，斩溺二万，俘获七千。观此之山，岂泛然哉！乃于洪武七年甲寅春，命工因山为台，构楼以覆山首，名曰阅江楼。此楼之兴，岂欲玩燕赵之窈窕，吴越之美人，飞舞盘旋，酣歌夜饮？实在便筹谋以安民，壮京师以镇遐迩，故造斯楼。今楼成矣，碧瓦朱楹，檐牙摩空而入雾，朱帘风飞而霞卷，彤扉开而彩盈。正值天宇澄霁，忽闻雷声隐隐，亟倚雕栏而俯视，则有飞鸟雨云翅幕于下。斯楼之高，岂不壮哉！噫，朕生淮右，立业江左，何固执于父母之邦。以古人都中原，会万国，当云道里适均，以今观之，非也。大概偏北而不居中，每劳民而不息，亦由人生于彼，气之使然也。朕本寒微，当天地循环之初气，创基于此。且西南有疆七千余里，东北亦然，西北五千之上，南亦如之，北际沙漠，与南相符，岂不道里之均？万邦之贡，皆下水而趋朝，公私不乏，利益大矣。故述文记之。

阅江楼记

明 宋濂

金陵为帝王之州。自六朝迄于南唐，类皆偏据一方，无以应山川之王气。逮我皇帝，定鼎于兹，始足以当之。由是声教所暨，罔间朔、南，存神穆清，与天同体；虽一豫一游，亦可为天下后世法。京城之西北，有狮子山，自卢龙蜿蜒而来；长江如虹贯，蟠绕其下。上以其地雄胜，诏建楼于巅，与民同游观之乐，遂赐嘉名为"阅江"云。

登览之顷，万象森列，千载之秘，一旦轩露；岂非天造地设，以俟夫一统之君，而开千万世之伟观者欤？当风日清美，法驾幸临，升其崇椒，凭栏遥瞩，必悠然而动遐思。见江汉之朝宗，诸侯之述职，城池之高深，关阨之严固，必曰："此朕栉风沐雨，战胜攻取之所致也。"中夏之广，益思有以保之。见波涛之浩荡，风帆之上下，番舶接迹而来庭，蛮琛联肩而入贡，必曰："此朕德绥威服，覃及内外之所及也。"四陲之远，益思有以柔之。见两岸之间，四郊之上，耕人有炙肤皲足之烦，农女有挈桑行馌之勤，必曰："此朕拔诸水火，而登于衽席者也。"万方之民，益思有以安之。触类而思，不一而足。臣知斯楼之建，皇上所以发舒精神，因物兴感，无不寓其致治之思，奚止阅夫长江而已哉！彼临春、结绮，非不华矣；齐云、落星，非不高矣；不过乐管弦之淫响，藏燕、赵之艳姬，不旋踵间而感慨系之，臣不知其为何说也。

虽然，长江发源岷山，委蛇七千余里而入海，白涌碧翻；六朝之时，往往倚之为天堑。今则南北一家，视为安流，无所事乎战争矣。然则果谁之力欤？逢掖之士，有登斯楼而阅斯江者，当思圣德如天，荡荡难名，与神禹疏凿之功，同一罔极；忠君报上之心，其有不油然而兴耶！

臣不敏，奉旨撰记。欲上推宵旰，图治之功者，勒诸贞珉。他若留连光景之辞，皆略而不陈，惧亵也。

第八节　天心阁

天心阁位于湖南省会长沙城市的中心，是以天心古阁和古城墙为主要景点的历史名胜，自明代以来，天心阁被视为古城长沙的标志，素有"潇湘古阁，秦汉名城"之美誉。

天心阁始建年代不详，现存史料中最早有记载的是明万历四十一年（1613年）善化县知县唐源的《分地方申详》一文和明崇祯年间俞仪的《天心阁眺望》一诗，距今400多年历史。

一、历代毁损、重建、维修情况

明崇祯十一年（1638年），长沙知府王期昇增建天心阁瓮城，并加固阁楼。

清顺治十一年（1654年），经略洪承畴拆明吉藩府城砖，对城墙与天心阁

进行彻底修葺。

乾隆十一年（1746年），湖南巡抚杨锡绂将天心阁下都司废署改建为城南书院，在对城墙进行彻底整修的同时，对天心阁（当时还叫文昌阁）进行了一次彻底的修葺。

乾隆二十年（1755年）前后年间，文昌阁进行全面修葺后，更名为天心阁，原天星（心）阁废弃。

乾隆三十年（1765年）前后年间，几任湖南巡抚王检、李因培等委善化县知县将天心阁从一层加建至两层。

乾隆四十二年（1777年），湖南巡抚觉罗敦福在修复城南书院的同时，对天心阁进行一次重修，事毕，邀请出任湖南学政的大学者李汪度撰写《重修天心阁记》云："会城东南隅，地脉隆起，崇垣跨其脊……冈形演迤，遥与岳麓对，上建天心、文昌二阁以振其势，后乃额天心于文昌，而省其一焉。"

嘉庆十八年（1813年），城南书院山长罗畸等捐款重修天心阁。

嘉庆二十五年（1820年），湖南巡抚李尧栋将天心阁从二层加建至三层，并在阁下加固南北两个瓮城。

咸丰二年（1852年），太平军奔袭长沙，昼夜轰城，对城墙与天心阁造成严重损毁。

咸丰三年（1853年），湖南巡抚骆秉章下令修复城墙与天心阁，并在阁之左右加设炮台九座，并派重兵把守。

咸丰十一年（1861年），湖南巡抚毛鸿宾对城墙与天心阁进行了一次全面修葺。

同治三年（1864年），湖南巡抚恽世临重建天心阁并重垒阁下城墙，将阁下城墙顶面地盘扩大七丈多，新建阁楼宽度比原来增加一倍，高度达五丈，同时新建了走廊与扶栏。

同治四年（1865年），湖南巡抚李翰章对天心阁进行了一次精心修葺。同年十月，郭嵩焘应邀撰书《修天心阁记》并刻石，现有拓片藏湖南省博物馆。

同治八年（1869年），湖南巡抚刘崐对天心阁进行全面修葺。在主阁前建两层副楼，副楼前开有一条南北向通道，通道靠城墙边沿上建有石护栏。副楼南北两端建高大的垛墙，全部建筑占据城墙上的地盘。

光绪三十一年（1905年），湖南巡抚端方对天心阁进行大修。

民国13年（1924年），长沙古城墙拆除完毕，保留了天心阁这一段城墙及古阁楼。省长赵恒惕令警察厅长刘武为首，将天心阁及阁下城墙修葺完好，并仿照北京文渊阁增建二轩。

民国 15 年（1926 年）唐生智主湘时决定将天心阁重建为主附三阁，刚建到阁墩，因资费不济，工停事废。

民国 17 年（1928 年），宁乡人鲁岱接任市政筹备处长，呈请省府拨款六千元，完成了天心阁重建。重建的天心阁，三阁鼎峙。阁之南北两端，以旧城垣为引道，中嵌石磴，左右护以白石栏杆。

民国 21 年（1932 年），何元文出任长沙市首任市长，对天心阁进行了修葺。

民国 27 年（1938 年）"文夕大火"，天心阁付之一炬。

天心阁重建于 1983 年，长沙市政府按原貌复建，为仿清式现代楼阁建筑。工程历时一年九个月，耗资 104.8 万元，于 1984 年 12 月 1 日竣工并对外开放。

重建的天心阁坐西朝东，呈翼状布局，总占地面积 487.43m^2，建筑面积 847.36m^2。主阁为三层三重檐歇山顶仿木结构建筑，通高 14.6m，屋面盖栗色筒瓦，檐脊、顶脊均为黄色琉璃瓦。檐角飞翘，屋脊及檐角设有 32 个高啄鳌头、32 只风马铜铃及 10 条吻龙。阁体由 46 根圆柱支撑，外墙刷栗色油漆，内墙为白粉墙。门窗为木质构件，刷栗色油漆。一层地面为麻石铺地，二、三层为木质地板，楼梯为钢筋混凝土结构，扶手部分刷黑漆。主阁顶檐之下，南悬赵朴初题"天心阁"匾额，北悬"楚天一览"匾额。各层前后门两侧均悬挂对联，共 16 幅。

辅阁位于主阁南北两侧，略呈翼状，通高 10m，南辅阁曰"南屏"，北辅阁曰"拱北"。两辅阁规模形制相同，均为两层重檐歇山顶仿木结构建筑，屋面盖栗色筒瓦、墙体结构、内部装饰及地面铺设等均与主阁相同。单阁占地面积 57.6m^2，建筑面积 115.2m^2。主、辅阁之间以长廊连接，呈弧状布局，为两面坡卷棚顶仿木结构亭廊式建筑，屋面盖栗色筒瓦（图 3-8）。

天心阁整座建筑为花岗石栏杆，雕有 62 头石狮，另有车、马、龙、梅、竹、芙蓉等石雕，体现了长沙楚汉名城的风貌。

天心阁为钢筋混凝土结构。屋面盖栗色筒瓦，檐脊、顶脊均为黄色琉璃瓦。无电梯。

2013 年天心阁古城墙被公布为全国重点文物保护单位。

图3-8　天心阁
（天心阁相关文字及图片由天心阁管理部门提供，作者整理）

二、流传具有影响的诗、联

最具代表性的为前后门所悬对联，分别为：

清黄兆梅题、廖沫沙字"四面云山都入眼，万家烟火总关心"。

明李东阳撰"水陆洲洲系舟舟动洲不动，天心阁阁栖鸽鸽飞阁不飞"。

陶峙岳题"萧王碧血，彭总英风，长留在三湘胜境；岳麓晴岚，天心朗月，好装点四化宏图"。

明俞仪曾写诗：楼高浑似踏虚空，四面云山屏障同。指点潭州好风景，万家烟雨画图中。

第九节　钟鼓楼

一、钟楼

西安钟楼是一座体现明代汉族建筑风格的古建筑。始建于明洪武十七年（1384年），原址在今西大街广济街口，明万历十年（1582年）移于现址。昔日楼上悬一口大钟，用于报警报时，故名"钟楼"。

楼分两层，每层四角均有明柱回廊、彩枋细窗及雕花门扇，各层均饰有斗拱、藻井、木刻、彩绘等图案。是我国现能看到的规模最大、保存最完整的钟楼。

西安钟楼是一座重檐三滴水式四角攒尖顶的楼阁式建筑，整体以砖木结构为主，从下至上依次有基座、楼体及宝顶三部分组成。楼体为木质结构，深、广各三间。面积1377.64m²。

钟楼基座四面各宽35.5m、高8.6m，用青砖、白灰砌筑。基座下有十字形券洞与东南西北四条大街相通，券洞的高与宽度为6m。基座上的木楼阁由四面空透的圆柱回廊和迭起的飞檐等组成，高27m。楼阁和台基的总高度为36m。钟楼有上下两层，由砖台阶踏步上至基座的平台后进入一层大厅，大厅四面有门，周为平台，顶有方格彩绘藻井。由一层大厅内东南角的扶梯，可盘旋登上四面有木格窗门和直通外面回廊的二层大厅。楼顶装有贴金圆形顶，俗称"金顶"。屋面敷设深绿色琉璃瓦，筒瓦以铜钉固定。

明万历十年（1582年），陕西巡抚龚懋贤命咸宁、长安二县令主持钟楼整体东迁工程，并为此作《钟楼歌》一篇。

钟楼歌

明　龚懋贤

西安钟楼，故在城西隅，徙而东，自予始。楼维筑基外，一无改制，故不废县官而工易就。无何，予告去，不及观其成。漫歌手书，付咸、长二令，备撰记者采焉。歌曰："羌兹楼兮谁厥诒，来东方兮应昌期。挹终南兮云为低，凭清渭兮衔朝曦。鸣景阳兮万籁齐，彰木德兮莫四隅。千百亿禩兮钟簴不移。"万历十年岁在壬午，春人日，蜀内江病夫宁澹居士龚懋贤书。

附记：客有谓余，歌可作钟楼铭者，观铭，非予敢任也，故仍以歌名。

《钟楼歌》被镌刻于石，今嵌于钟楼一层西北角处墙上（图3-9）。碑石长360cm，宽40cm，已成为钟楼东迁的重要历史物证。《钟楼歌》记述了重要的史实，除台基是迁建时新筑的以外，钟楼是整体搬迁过来的，完全按照原样，未作改动，完全保留了明初的风格（图3-10）。

1996年，国务院公布西安钟楼为第四批全国重点文物保护单位。

图3-9　《钟楼歌》碑刻

图 3-10　西安钟楼（张小军摄）

二、鼓楼

　　西安鼓楼是中国所存最大的鼓楼，位于西安城内西大街北院门的南端，东与钟楼相望。

　　楼上原有巨鼓一面，每日击鼓报时，故称"鼓楼"。

　　鼓楼和钟楼相距仅半里。鼓楼是明洪武十三年（1380 年）建成的，比当初的钟楼早建 4 年。楼基面积比钟楼楼基大 738.55m²，通高 34m。

　　鼓楼和钟楼一样，建于高大的台基之上，但其平面作长方形，与钟楼方形的平面不同。鼓楼的高台砖基座，东西长 52.6m，南北宽 38m，高 7.7m，大于钟楼的台基。台基下辟有高和宽均为 6m 的南北向券洞式门，与南北街相贯通。楼建于基座的中心，为梁架式木结构楼阁式建筑，面阔七间，进深三间，四周设有回廊。楼分上下两层。第一层楼身上置腰檐和平座，第二层楼为重檐歇山顶，上覆灰瓦，绿色琉璃瓦剪边。楼的外檐和平座都装饰有青绿彩色斗拱，使楼的整体显得层次分明、华丽秀美。由登台的踏步可上至台基的平面，一层楼的西侧有木梯可登至二层。楼的结构精巧而稳重，是明初建筑佳作（图 3-11、图 3-12）。

图 3-11　西安鼓楼（一）（张小军摄）

图 3-12　西安鼓楼（二）（张小军摄）

在南北两面楼檐之下，原悬挂两幅匾额，南面的"文武盛地"，是陕西巡抚张楷在重修此楼竣工后，摹写清高宗乾隆的"御笔"。北面的"声闻于天"四个大字相传为咸宁李允宽所书。两块匾额均为蓝底金字木匾。

1996 年西安鼓楼为第四批全国重点文物保护单位。

三、西安钟鼓楼保护及维修概况

据《咸宁县志》记载："康熙三十八年（1699 年）复修城内鼓楼，咸宁知县董宏彪记之"《咸宁县志》（卷十地理志）。

清乾隆五年（1740 年），《咸宁县志》记录了对鼓楼的维修："爰与方伯帅公念祖计度财用，以授长安令王瑞集工而营之。腐者易以坚，毁者易以完，崇隆敞丽，灿然一新。"同时记录了对钟楼的维修："既修鼓楼，并与方伯帅公谋而新之。"

清乾隆五十二年（1787 年），福康安奏请乾隆皇帝对钟鼓楼进行维修。当时，钟鼓楼柱木柁檩等俱已敧斜，榫卯走脱，顶部渗漏，木料腐朽，台基砖块剥落。乾隆看了福康安的奏折后，派大臣对钟鼓楼的损坏情况进行了勘察，并拨款对其进行了维修。对钟鼓楼原有的部件，可用的加固后继续使用，没法使用的，用新料进行更换。把顶部的小瓦改成了较大的布筒板瓦，有效地防止了雨水渗漏，同时对底座也进行了维修加高处理。

据《四街绅民碑记》记载，道光二十年（1840 年），官府捐资，对钟楼南北东西大街的石路进行了修补。

民国 25 年（1936 年），据资料记述，对钟楼的底砖地进行了维修，当时的做法是青砖平立铺，黄沙灌缝。

民国 28 年（1939 年）因侵华日军对西安实施空袭，造成钟楼、鼓楼局

部被炸毁，国民政府对钟鼓楼进行了抢救性维修。这次维修资料记载均较为翔实。对青砖、白灰、青瓦、木料、砌砖、砌石、盖瓦和木工等的选用均有记录。维修工程于当年十一月二十日起动工，工期六十天。从"修补钟楼被炸工程"档案资料记载来看，修补所用工程材料的选材上，均"先准旧料使用"，新砖、新瓦"必需火色透匀方得使用"；修补构件在形制上也有"均按旧式尺寸大小仿做，不得稍有更改"。这和我们现在传统建筑维修上的做法基本类同。

民国31年（1942年），由于钟楼下洞内通道坎坷不平，国民政府与西安警备司令袁朴商妥，利用钟楼上所堆集之废砖对钟楼下通道进行了铺垫。

据现存资料记录，新中国成立后，陕西省政府十分重视钟鼓楼的保护工作，对钟鼓楼进行了十余次维修保护，虽然维修的程度不一，但资料记录都比较详细，从1954年维修记录可以看出，当时的施工工艺非常成熟，对于备料要求、施工程序、施工工艺、操作标准均有十分严格的要求。

（钟鼓楼相关文字由西安市钟鼓楼博物馆喻军先生提供，作者整理。）

第十节 天一阁

天一阁位于浙江宁波市区，是中国现存最早的私家藏书楼，也是亚洲现有最古老的图书馆和世界最早的三大家族图书馆之一。

天一阁建于明嘉靖年间（1561—1566年），是当时兵部右侍郎范钦所建的私家藏书楼。

范钦（1506—1585年）是明代嘉靖年间人，字尧卿，一字安卿，号东明，浙江鄞县（今宁波）人。嘉靖十一年（1532年）进士，于嘉靖三十九年（1560年）升任兵部右侍郎，同年十月辞官归里。范钦按《易经》中"天一生水,地六成之"之说于宅东建藏书楼，将藏书楼命名为天一阁，阁前凿水池称"天一池"。

天一阁占地面积26000m²。书阁为木构的二层硬山顶建筑，通高8.5m。底层面阔、进深各六间，前后有廊。二层除楼梯间外为一大通间，以书橱间隔。

楼前"天一池"通附近月湖，既可美化环境，又可蓄水以防火。天一阁的建筑布局后来为其他藏书楼所效仿（图3-13）。

范钦根据《易经·系辞》"天一生水"和五行生克中水克火的意思，在设计上独具匠心，把藏书楼建成砖木结构六开间的二层楼房，楼下六间，楼上合而为一。下层供阅览读书和收藏石刻用，上层按经、史、子、集分类列柜藏书。藏书楼在南北两面开窗，空气对流，通风防潮，东西两山墙采用封火山墙，以

图 3-13 天一阁（天
一阁相关文字及图片
由天一阁管理部门提
供，作者整理）

免邻屋火患蔓延书阁。这种下六上一的建筑格局，正是"天一生水，地六成之"
的寓意。不仅如此，其房间的高低深广，以及书橱的尺寸也都暗含"六"数。

　　1933 年 9 月 18 日，台风造成天一阁毁坏。当年重修天一阁，将宁波府学
内的尊经阁迁移至天一阁内，并将 80 余方碑刻移至天一阁后院，建立"明州
碑林"。

　　1982 年，天一阁入选第二批全国重点文物保护单位。

　　1994 年宁波市博物馆并入天一阁，更称"宁波市天一阁博物馆"。

　　2007 年，天一阁被公布为全国重点古籍保护单位。

第十一节　城隍阁

　　城隍阁位于浙江省杭州市上城区西湖边的吴山之巅。吴山是七宝山、紫
阳山、云居山等几个小山的总称。总面积约 1000 亩。城隍阁前身为吴山城隍
庙。南宋定都临安，开始在吴山上修建城隍庙，并由朝廷进行敕封。明洪武三年
（1370 年）定庙制。永乐十年（1412 年）明成祖冤杀浙江按察使周新，为平民愤，
明成祖准许立庙祭祀，遂于吴山建专祀周新的城隍庙。1958 年被拆。

　　今城隍阁为 1998 年开工重建，2000 年竣工。七层仿古楼阁式建筑，高
41.6m，面积 3789m²。融合元、明殿宇建筑风格，兼揽杭州江、山、湖、城
之胜（图 3-14）。

图 3-14　城隍阁（城隍阁相关文字及图片由城隍阁管理部门提供，作者整理）

结构类型：钢筋混凝土结构。

屋顶形式：攒尖顶和十字脊顶。

广泛流传的诗词有：

望海潮

宋　柳永

东南形胜，三吴都会，钱塘自古繁华。烟柳画桥，风帘翠幕，参差十万人家。云树绕堤沙。怒涛卷霜雪，天堑无涯。市列珠玑，户盈罗绮竞豪奢。重湖叠巘清嘉。有三秋桂子，十里荷花。羌管弄晴，菱歌泛夜，嬉嬉钓叟莲娃。千骑拥高牙。乘醉听箫鼓，吟赏烟霞。异日图将好景，归去凤池夸。

楹　联

明　徐渭

八百里湖山知是何年图画，

十万家灯火尽归此处楼台。

第十二节　泰州望海楼

泰州望海楼，位于江苏省泰州市海陵区。

泰州望海楼初建于南宋绍定二年（1229 年），是江苏泰州市的一座名楼。楼建成之后，屡毁屡起，到了明代嘉靖二十八年（1549年），州守鲍龙重建。因登此楼可望海，故改称为望海楼了。当时任明代河北保定府知府的泰州人徐嵩还为此作《重修望海楼记》。万历三十一年（1603年）楼圮，仅剩遗址。

清代康熙年间，泰州州牧施世纶与绅士合议，重新建楼。相传当年重建时，忽然大雨雷鸣，继而又晴空鹤翔，人们认为此为吉兆，便愈加敬重此楼。落成之日，雷雨大作，有白鹤来翔，视为瑞异，故改称靖海楼。

嘉庆初年，楼欲圮，州牧杨玺拆而重建，将楼基增高一丈二尺，并予以加固，更名为鸣凤楼，取"朝阳鸣凤"之意。清代大诗人邓汉仪作《海陵重建海阳楼记》。

抗战时，这座古人看作是"文运命脉"的名楼被拆毁。

2006年6月，泰州望海楼重建工程拉开序幕，2007年7月正式开放。

现今的泰州望海楼景区，占地面积约100亩。

新泰州望海楼为南京阅江楼的设计者、东南大学杜宝顺教授设计，再现了宋代楼阁建筑的风采。

重建的泰州望海楼主楼高32m，下筑石台。楼平面呈十字折角形，三层重檐十字顶，中层出回廊和平座。楼的主体色彩取栗壳、青灰二色。钢筋混凝土结构。泰州望海楼的设计延续历史建筑风格，与泰州现有古建筑保持和谐一致的风格（图3-15）。

流传具有影响的诗、词、记、赋如下：

登望海楼
明 徐岩泉

蜃气微茫曙色开，海门东下是蓬莱。飞楼绝壁青霄起，危堞连甍紫气回。
万顷春潭龙正卧，五云朝日凤还来。凭高落笔摇山岳，谁似相如作赋才。

登望海楼次徐岩泉韵
明 刘万春

落日凭栏望眼开，苍茫气色接蓬莱。千家井灶孤城合，万里帆樯一水回。
不见秦鞭驱石去，空闻汉弩射波来。即今过客知多少，可有玄虚掞藻才。

重修望海楼记
范敬宜

泰州，汉唐古郡，襟江负海。其东南有楼，名曰望海，始建于宋，为一郡之大观。诸贤多唱和于此，予先祖范文正公曾为泰州西溪盐官，而滕子京为泰州海陵从事，公有"君子不独乐"等句，其一生"先忧后乐"之意，呼之欲出，再历二十载，遂有《岳阳楼记》之作，而发浩音于宇内、振遗响于万代。《泰志》称斯楼为"吾邑之文运命脉",洵非虚语。元明以降,兵连祸结,屡建屡毁,不胜其叹。楼之兴废,或亦有关国运之盛衰乎?

予曰:望海楼之重建,是非偶然。《易》之《泰》曰:"天地交而万物通也,上下交而其志同也"。今倡导和谐,科学发展,国运日隆,泰州之"泰",可谓名至实归焉。望海楼之再兴,岂独泰州一邑"文运命脉"之象征哉!

2007年仲夏,巍然一楼飞峙泰州城河之滨,上接重霄,下临无地,飞阁流丹,崇阶砌玉,其势与黄鹤楼、滕王阁媲美,允称江淮第一楼。

予登乎望海一楼:古之海天,已非今之目力可及,而望海之情,古今一也。悠然思汇万千,感触者多矣。望其澎湃奔腾之势,则感世界潮流之变,而思何以顺之;望其浩瀚广袤之状,则感孕育万物之德,而思何以敬之;望其吸纳百川之广,则感有容乃大之量,而思何以效之;望其神秘莫测之深,则感宇宙无尽之藏,而思何以宝之;望其波澜不惊之静,则感一碧万顷之美,而思何以致之;望其咆哮震怒之威,则感裂岸决堤之险,而思何以安之。嗟夫,望海之旨大矣,愿世之登临凭眺者,于浮想之余,有思重建斯楼之义。是为记。

图3-15 泰州望海楼(泰州望海楼相关文字及图片由泰州望海楼管理部门提供,作者整理)

第十三节 温州望海楼

温州望海楼，位于浙江省温州市洞头县，四面环海。公元426年前后，永嘉太守颜延之巡视温州，于岛上筑望海楼观海景。至今有1500年的悠久历史。其后楼毁，未能复建。

2003年县政府决定重修温州望海楼。2005年1月开工建设，2006年8月主体结构封顶，2007年5月完成内外装修，钢筋混凝土结构。2007年6月7日正式落成对外开放。

温州望海楼海拔227m，整个景区占地140.9亩，主楼2700m²，楼层明三暗五，高35.4m，坐北朝南。温州望海楼是洞头本岛最高处，是洞头标志性建筑，洞头旅游第一景。楼的三层和五层设有观景廊（图3-16）。

图3-16 温州望海楼（温州望海楼相关文字及图片由温州望海楼管理部门提供，作者整理）

第十四节 光岳楼

光岳楼位于山东省聊城市东昌府区，是聊城（明清为东昌府）历史文化的象征，是一座由宋元向明清过渡的代表建筑，是中国现存明代楼阁中最大的一座。

光岳楼的建造与聊城在历史上的地位有着密切的联系。聊城历史上是大运河沿岸的重要港口之一，是鲁西北政治经济文化中心，被称之"漕挽之襟喉，京都之肘腋"。

明初，北方形势不稳，东昌一带平山卫守御指挥陈镛，为防御蒙古贵族统治集团复辟，从洪武二年（1369 年）到洪武五年（1372 年）将宋朝熙宁三年（1070 年）所筑的土城改建为砖城。为了"严更漏，窥敌望远"，报时报警，于洪武五年（1372 年）起，至洪武七年（1374 年），修建了这座高达百尺的更鼓楼。

"光岳楼"初名"余木楼"，到明成化二十二年（1486 年），重修时又因地为名，称之谓"东昌楼"。明弘治九年（1496 年），西平人士李赞（考功员外郎），命之曰"光岳楼"，取其近鲁有光于岱岳也。此后历代重修碑记都一直沿用"光岳楼"。

光岳楼外观为四重檐歇山十字脊顶过街式楼阁。占地面积 1185m²，通高 33m，从构造上分为墩台、主楼部分。

墩台为砖石砌成的正四棱墩台，底边边长 34.43m，上缘边长 31.94m，垂直高度 9.38m。台体四面各辟一半圆拱门，券至台中心处是十字交叉拱。拱门面阔 5.76m，拱角直高 2.90m，矢高 2.88m。券上中砌门额，题名南曰"文明"，北曰"武定"，东曰"太平"，西曰"兴礼"。台顶边用叠涩出檐砖三皮，上筑女儿墙，墙高 1.09m，厚 0.50m。

南门西小西门是假门，小东门是登楼的唯一通道，梯台上修一敞轩以防雨水侵入，其建造年代应为清乾隆年间。

墩台之上为四层主楼，高约 24m。第一层分为楼身和外廊两部分，楼身七开间，檐柱 20 根构成外槽柱列，包在 1.2m 的砖墙内；内槽金柱 12 根形成内槽柱列。

二层面阔和进深七间，四向于明间辟门，两侧为方眼格窗，东、西两次间为梯井通上下层；金柱一圈内以板壁围成长方形室，在室内仰视，上为空井可见四层梁架。

三层为暗层，面阔、进深各五间。内外槽金柱皆自下贯穿直上，在此由平枋额枋相连接，形成一巨大的框架结构。

四层面阔、进深皆三间，平面正方形，四金柱有卷刹，镂空雕刻精美，空井上悬吊莲花组件，彩绘精美。

结顶为歇山十字脊，脊顶装一高 3m、径 1.5m 的透花铁葫芦。

光岳楼从形式而论，砖台、重檐十字脊与内部空井等，仍袭宋元楼阁遗制。细部以柱础而言，从明洪武初所建南京官殿已开始用古镜式，而此楼则仍为宋元以来的覆盆式未改，就结构来讲，柱的侧角升起。楼置暗层，内外等高双槽柱列，斗拱疏朗配置，以及柱头科斗口未加宽等，也都上承唐宋以来的传统做法（图 3-17）。

光岳楼自建成六百多年以来，历代政府和人民对光岳楼百般呵护。仅据光岳楼上现存碑刻及《东昌府志》《聊城县治》的有关记载，明、清、民国时期，就曾对光岳楼进行过 11 次维修。

第一次维修是在明成化二十二年（1486 年）。聊城进士、户部主事梁玺为这次维修工程撰写"重修东昌楼记"碑文。该碑立于一楼南门外东侧。

第二次维修是在明嘉靖十三年（1534 年）。许成名（聊城进士，曾任礼部右侍郎）撰写《重修光岳楼记》。该碑立于一楼南门外东侧。

图 3-17　光岳楼（光岳楼相关文字及图片由光岳楼管理部门提供，作者整理）

第三次维修是在明万历年间，由东昌知府莫与齐重修。

第四次维修是在清顺治五年（1648年），由知府韩思敬倡修。今有佚名文，清朝开国状元、聊城人傅以渐书《重修东昌府城并光岳楼记》碑，立于一楼东门外南侧。

第五次维修是在清顺治十七年（1660年），由知府卢鋐重修。

第六次维修是在清康熙二十八年（1689年）。

第七次维修是在清乾隆二十年（1755年）。知府蔡学颐撰写《重修光岳楼记》碑文，该碑嵌于一楼东门外南壁上。

第八次维修是在清道光二十年（1840年），由著名私人藏书家，海源阁创建人杨以增（时任湖北安襄荆郧道员）倡修。杨以增《重修东昌光岳楼记》碑立于一楼南门外西。

第九次维修是在清光绪三十三年（1907年），由知府宋梦槐倡修。其《重修光岳楼记》碑嵌于一楼南门外东壁上。

第十次维修是在民国22年（1933年），由聊城县长孙桐峰主持维修。孙桐峰《重修光岳楼记》碑立于一楼北门外面。

第十一次维修是在民国26年（1937年），由行政督察专员兼聊城县长范筑先督导维修。

历次重修碑记都充满了对光岳楼的赞美和对倡修人的称颂。这些文献中，均无光岳楼遭受火焚雷击等自然灾害的记载。

新中国成立后，政府对光岳楼的保护十分重视。1956年，光岳楼被列为山东省第一批重点文物保护单位，1988年被国务院定为国家级重点文物保护单位。

40余年来，先后对光岳楼进行了八次维修。最近的一次大修，于1984年4月起至1986年12月止，历时19个月，耗资45万元。一是揭盖翻修了全部瓦顶，更新了全部连檐瓦口，更换了全部望板和部分檐椽。二是更换、贴补、矫正了一、二层廊柱和四层八根辅助圆柱，加固了二层东北、东南、西南角檐柱；更换了部分梁檩桁枋，修补更换了大部分斗拱，更新了二、三层部分地板，修理了全部门窗。三是对全楼进行了油饰。四是按原样重新制作了五块匾额，重新树立和接补了五通石碑。这次维修是遵循"保持现状，恢复原样"的原则，以尽量不动原件为前提进行的。

历朝历代二十多次大大小小的维修，大多都留有石刻碑文，记载着当时的政治、经济、文化诸多状况，是研究历史的重要资料，也是构成光岳楼文化的重要组成部分。

第十五节　太白楼

太白楼坐落在山东省济宁市任城区古运河北岸，为山东省重点文物保护单位。

太白楼的前身为唐朝的酒楼，原始的酒楼坐落在古任城东门里（今小闸口附近）。唐代诗人李白于唐开元二十四年（736年）同夫人许氏及女儿平阳由湖北安陆迁至任城（济宁），居住在酒楼之前，每天至此饮酒消遣，挥洒文字。（寄家济宁23年）。

李白逝世九十九年后，即唐懿宗咸通二年（861年）正月，吴兴人沈光过任城，登酒楼观览，并写下了《李白酒楼记》，从此改名为"太白酒楼"。元朝至元二十年（1283年），京杭大运河由淮安改道东移时，途经济宁城区，由当时兼任济宁监州的丞相冀德芳主持，将原始的酒楼移到南城墙上。明洪武二十四年（1391年），济宁左卫指挥使狄崇重建太白楼，依原楼的样式，移迁于南门城楼东城墙之上（就是现存太白楼的位置《太白楼中路》），并将"酒"字去掉，更名为"太白楼"。明朝洪武年间的太白楼建在三丈八尺高的城墙上，坐北朝南，十间两层，斗拱飞檐，雄伟壮观，系古楼阁式建筑。楼体为两层重檐歇山式建筑，青砖灰瓦，朱栏游廊环绕。后该楼毁损，至1952年，其间五百余年无楼。

1952年由政府重新规划、设计，拨专款在旧城墙上重建太白楼。重建工程于1951年开工，1952年竣工。1986年对外开放（1999年免费开放）。

重建规模为：楼体坐北朝南，面宽7间，东西长30m，南北进深13m，高15m，楼体为两层重檐歇山式建筑，青砖灰瓦，朱栏游廊环绕（图3-18），建筑面积729.6m²，总占地5900余m²。重建的结构类型为砖木结构。门窗、地板、楼体、回廊、橡木油漆罩面。无彩绘，无电梯。

2011年，进行大修。木质楼梯和二楼展室木质地板、回廊地板进行更换维修。回廊木龙骨、橡木残损、楼南及东、西两侧房顶橡望部分更换。天棚维修更换。

1987年，济宁市相关部门在太白楼建立李白纪念馆。

传具有影响的诗、词、记、赋如下：

任城县厅壁记

唐　李白

风姓之后，国为任城，盖古之秦县也。在《禹贡》则南徐之分，当周成乃东鲁之邦。自伯禽到于顺公，三十二代。遭楚荡灭，因属楚焉。炎汉之后，更为郡县。隋开皇三年，废高平郡，移任城于旧居。邑乃屡迁，并则不改。鲁境七百里，郡有十一县，任城其冲要。东盘琅琊，西控巨野，北走厥国，南驰互乡。青帝太昊之遗墟，白衣尚书之旧里。土俗古远，风流清高，贤良间生，掩映天下。地博厚，川疏明。汉则名王分茅，魏则天人列土。所以代变豪侈，家传文章。君子以才雄自高，小人则鄙朴难治。况其城池爽垲，邑屋丰润。香阁倚日，凌丹霄而欲飞；石桥横波，惊彩虹而不去。其雄丽块垆，有如此焉。故万商往来，四海绵历，实泉货之橐籥，为英髦之咽喉。故资大贤，以主东道。制我美锦，不易其人。今乡二十六，户一万三千三百七十一。帝择明德，以贺公宰之。公温恭克修，俨实有立。季野备四时之气，士元非百里之才。拨烦弥闲，剖剧无滞。镝百发克破于杨叶，刀一鼓必合于《桑林》。

宽猛相济，弦韦适中。一之岁肃而教之，二之岁惠而安之，三之岁富而乐之。然后青衿向训，黄发屦礼。耒耜就役，农无游手之夫；杼轴和鸣，机罕颦蛾之女。物不知化，陶然自春。权豪锄纵暴之心，黠吏返淳和之性。行者让于道路，任者并于轻重。扶老携幼，尊尊亲亲，千载百年，再复鲁道。非神明博远，孰能契于此乎？白探奇东蒙，窃听舆论，辄记于壁，垂之将来。俾后贤之操刀，知贺公之绝迹者也。

李翰林酒楼记
唐　沈光

唐咸通辛巳岁正月壬午，吴兴沈光过任城题。

夫触强者觍缅而不发，乘险者帖苶而不进，溃毒者隐忍而不能就其针砭，搏猛者迟疑而不能尽其胆勇。而复视其强者弱之，险者夷之，毒者甘之，猛者柔之，信乎酒之作于人也如是。

翰林李公太白，聪明才韵，至今为天下倡首。业术匡救，天必付之矣。致其君如古帝王，进其臣如古药石。挥直刃以血气邪者，推义毂以辇其正者，其凭酒而作业？凭酒而作者，强非真勇。

太白既以峭吁矫时之状，不得大用，流斥齐、鲁，眼明耳聪，恐贻颠踣，故狎弄杯觞，沉溺曲蘖，耳一淫雅，目混黑白。或酒醒神健视听锐发，振笔著纸，乃以聪明移于月露风云，使之涓洁飞动；移于草木禽鱼，使之妍茂轩腾；移于边情闺思，使之壮气激人，离情溢目；移于幽岩邃谷，使之辽历物外，爽人精魄；移于车马弓矢，悲愤酣歌，使之驰骋决发，如睨幽并。而失意放怀，尽见穷通焉。

呜呼！太白触文之强，乘文之险，溃文之毒，搏文之猛，而作狎弄杯觞，沉溺曲蘖，是真塞其聪，翳其明。醒则移于赋咏，宜乎醉而生，醉而死。予徐思之，使太白疏其聪，决其明，移于行事，强犯时忌，其不得醉而死也。当时骨鲠忠赤，递有其人，收其逸才，萃于太白。

　　至于齐、鲁，结构凌云者无限，独斯楼也，广不逾数席，瓦缺椽蠹，虽樵儿牧竖，过亦指之曰：李白尝醉于此矣。

图 3-18　太白楼（太白楼相关文字及图片由太白楼管理部门提供，作者整理）

第十六节　越王楼

　　越王楼，位于四川省绵阳市剑南路东段 326 号，坐落在四川绵阳城区的龟山之巅。参照唐代名楼风格重新设计规划，原址重建。

　　越王楼始建于唐高宗显庆年间（656—661 年），是唐太宗李世民第八子李贞时任绵州刺史时所建。

　　唐初，吐蕃东侵，南诏生反，威胁大唐西南边疆安全，为贯彻高宗李治"利有攸往，是在西南"的战略，"越王刺绵州，先作府而后建楼，楼助州府之气象"，以扬大唐国威，维西南稳定。越王楼历经唐、宋、元、明，于明万历年间重修，后毁于清乾隆初年。

据考证，唐时的越王楼十分壮观。登上百余级阶梯，进入红色高墙之内，便是当时的绵州州府越王府（又称越王宫）。过越王府，是大花园，两边建有花台，中间卵石甬道，直通越王楼下。楼高百尺，顶压红色屋脊，脊上饰有神兽雕塑，脊下为绿色琉璃瓦。大楼四周的栏杆、立柱、板壁均为红色，绘着精美的图案。踏上楼梯，攀至楼层，可北望剑门72峰；西望岷岭雪山；东南则可将绵州美景尽收眼底，尤其是"楼下长江百丈清"，往来船只如梭。

越王楼系木质建筑，历经900多年后，到明万历年间自然毁坏。据明万历年间绵州知州李正芳《越王楼记》："嗣有宪副李公上林者……既出廉俸以置台制，而又庀美材而复楼观。"此次重修的越王楼为一佛寺。总体规模不如以前，仍是名人雅士寻幽怀古、观赏游乐的名楼景点。

越王楼毁于清乾隆初，此后一直未重修。

1989年10月，绵阳市委、市政府作出了重建越王楼的初步规划。

2000年8月，政府决定正式启动重建越王楼，由市建设委员会负责修建，知名专家熊世尧担当越王楼的总体规划设计。

重建越王楼总体规划、设计方案经过18次修改定型并报经四川省建设厅审批后，越王楼于2001年10月24日正式开工。

越王楼重建工程于2005年3月28日因故停工。

2007年12月3日，越王楼续建工程复工。

2011年10月，越王楼一期工程（包括主楼和两座裙楼）竣工并通过验收。自1989年作出初步规划至2011年主楼建成，历时22年。

重建后的越王楼占地面积84.2亩（约5.61hm²），位居城市中心，面临涪江碧水。主楼风格呈唐氏昂斗飞檐歇山式（图3-19），为全框架钢筋混凝土结构，防震为7.5级。越王楼楼高99m，底层东西长88m，南北宽66m，共15层，建筑面积22207m²，绿化用地面积14408m²，停车场面积3000m²。配套建筑已建成两幢仿古商业裙楼4200m²，以及廊、亭、轩、榭、广场。

屋面盖琉璃瓦，有三部电梯，可直达顶楼。

自唐至清，文人雅士题咏越王楼诗篇多达150余篇。

上楼诗

唐 李白

危楼高百尺，手可摘星辰。

不敢高声语，恐惊天上人。

越王楼歌

唐　杜甫

绵州州府何磊落，显庆年中越王作。

孤城西北起高楼，碧瓦朱甍照城郭。

楼下长江百丈清，山头落日半轮明。

君王旧迹今人赏，转见千秋万古情。

图 3-19　越王楼（越王楼相关文字及图片由越王楼公园管理部门提供，作者整理）

说明

1. 中国历史文化名楼资料及照片来源

中国历史文化名楼中，有关岳阳楼、滕王阁、蓬莱阁、鹳雀楼、大观楼、阅江楼、天心阁、钟鼓楼、天一阁、杭州城隍阁、泰州望海楼、温州望海楼、光岳楼、太白楼、越王楼等文字说明及照片均来自各个名楼公园管理部门，经作者摘录并整理。

2. 黄鹤楼维修施工单位简介

武汉市天时建筑工程有限公司隶属于武汉市城投房产集团，是湖北省武汉市唯一具有房屋建筑施工总承包一级、文物保护工程施工一级"双一级"资质的国有企业。同时具备装饰装修专业承包二级、古建园林专业承包三级等专业承包资质。有40余年从事房屋维修、古建园林、房屋建筑施工经验。曾多次参与武汉市文保修缮和城市环境整治工程。

40余年来，公司在古建园林及历史名优建筑修缮方面，承接了近百个古建和历史名优建筑工程施工项目，积累了丰富的文物保护工程施工经验，享有一定盛誉。近几年来，先后承建了汉阳古琴台、汉阳晴川阁、江汉关、武昌起义门、武昌农民运动讲习所、中共"五大"会址旧址、"八七"会址旧址、八路军办事处等多栋近代名优建筑。

3. 黄鹤楼维修屋面琉璃瓦生产单位简介

安徽格雷特陶瓷新材料有限公司成立于2011年，由原国家二级企业江苏宜兴金龙琉璃瓦有限公司和宜兴格雷特琉璃瓦有限公司合资，是一家集陶瓷屋面产品开发、生产、销售、服务为一体的现代化建材生产企业。

公司主要工艺设备进口意大利全自动控制辊道窑炉及制陶生产设备，拥有两条全自动陶瓦生产线。陶瓦采用天然陶土，除主要的朱泥、紫砂泥，尚有白泥、乌泥、黄泥、松花泥等。湿坯料用真空练泥挤出机挤压成对应形状的泥片，固定尺寸切割后再经钢模冲压，干燥施釉在1150℃以上高温下烧成。

公司产品曾用于中共办公厅大楼、毛主席纪念堂屋面改造工程、北京民族文化馆、国家图书馆、黄鹤楼屋面维修工程、滕王阁维修工程、苏州重元寺等。

4. 给予此次出版支持和赞助的单位简介

武汉科拓环境工程有限公司是专业的园林景观工程公司，是武汉市园林协会、湖北省风景园林学会会员。公司可承接各类公园、绿地、房地产项目的景观绿化工程的设计、施工、养护。

公司法人兼董事长王长亮，园林工程师，被评为第九届武汉市十大杰出创业家。